Frank A.

Hundeerziehung für echte Kerle

Starke Hunde chillig begleiten

Kynos

Konrad-Zuse-Straße 3, D-54 552 Nerdlen / Daun
Telefon: 06 592 957 389-0
Kontakt: info@kynos-verlag.de
www.kynos-verlag.de

Grafik & Layout: Kynos Verlag

Gedruckt in Lettland

1. Auflage 2026
ISBN 978-3-95464-350-9

Bildnachweis: alle Fotos Anita Frank außer: Daniela Hofmeister E.U.: S. 5, 11, 13, 25, 23, 33, 43, 49, 57, 61, 65–68, 72, 76, 80, 86, 94, 100, 105, 110, 116, 120–121, 130, 135, 137, 142, 147, 159, 164, 166–170, 172, 178–179, 196, 199, 201, 205; Matthias Gruber: S. 44, 46, 148
Adobe-Stock.com: Titelfoto Albert, S. 9 Hamik, S. 13 SymbiosisArtmedia, S.15 Amina, S.18 Lunja, S. 27 Andrey Bandurenko, S. 29 SasaStock, S. 36 Dogs, S. 37 melounix, S. 89, 107 Photoboyko, S. 92, 183 Diego, S. 106 exclusive-design, S. 113 lorenzo, S. 126 Gbor, S. 129 Rita Kochmarjova, S. 138 Przemyslaw Iciak, S. 150 Aleksandr, S. 151,152 o.,190, 193 Mary Swift, S. 152 u. Михаил Решетников, S. 155 Grubärin, S. 157 evgeniykleymenov, S. 207 Hans und Christa Ede

Inhaltsverzeichnis

Für dich und deinen besten Hundekumpel

Servus!

Ich bin Anita Frank, deine Autorin und Trainerin / Verhaltensberaterin. Meine Wiener Wurzeln wirst du vielleicht an der einen oder anderen Stelle dieses Buches rauslesen, und diese Großstadt war es auch, der ich mein Wissen über Hunde zu verdanken habe.

Wer einen Angsthund (fürchtet sich vor Menschen, Kindern, Hunden, Wind, Wildtieren, Insekten, …) in so eine Stadt direkt neben eine Schule adoptiert, ist gut beraten, besser möglichst schnell und viel über Hunde zu lernen.

Dieser Hund war Sammy. Seine Geschichte wird dir noch ein paar Mal im Buch begegnen. Lass mich hier nur so viel sagen: Er hat meine Leidenschaft für Angst und Aggression (Bürsten, Anleinen und teilweise sogar Anfassen wurde ohne Drohen sofort mit Schnappen quittiert) entfacht und mein verstaubtes Denken über den Umgang mit Tieren komplett auf links gedreht.

Dank ihm durften dann weitere Hunde mit Special Effects zur Pflege oder fix bei

mir einziehen und mir immer mehr praktisch beibringen (natürlich neben offiziellen Praktika, Seminaren und anderen Weiterbildungen).

Ich stütze meine Beschreibungen auf meine Erfahrungen als Verhaltenstrainerin (immerhin finden sich unter den Teams, die ich bisher begleiten durfte, über 50 % starke Hunde), den Austausch mit anderen Experten, wissenschaftliche Erkenntnisse, meine bisherigen hündischen Begleiter und einen Leitsatz, der wunderbar durch den Methodendschungel führen kann: „Möchtest du, dass das jemand mit dir macht?“

Ich hoffe, dieses Buch bereitet dir beim Lesen genauso viel Freude wie mir beim Verfassen und dient dir und deinem Vierbeiner als ein praktisches Nachschlagewerk für noch mehr Lebensfreude, Vertrauen und Zusammenhalt.

Es mag passieren, dass irgendwo Zusammenhänge unschlüssig erscheinen oder Beispiele nicht immer für alle Situationen passen. Ich bin nicht perfekt, aber ich habe versucht, in diesem Buch Leichtigkeit mit möglichst viel Information zu verbinden.

Wenn du also irgendwo Fragen hast, schick sie mir einfach. Wie du mich erreichst, findest du hinten im Anhang des Buchs.

Einleitung

Starke Hunde.

Sie bringen uns zum Lachen oder zum Staunen, und wer die Herausforderung annimmt, kann viel von ihnen lernen …

Wer mit ihnen lebt, weiß, dass sie unglaublich loyal sein können, wenn man mit ihnen und nicht gegen sie arbeitet. Genau das gibt uns die einzigartige Gelegenheit, ein unzertrennliches Team mit unseren vierbeinigen besten Kumpels zu werden.

Doch dafür müssen wir verstehen, wie unsere Hunde ticken, ihre Emotionen ernst nehmen und lernen, die vielen Informationen über das Training und Zusammenleben mit Hunden, die uns von überall zufliegen, zu filtern. Denn Probleme entstehen dann, wenn Emotionen überschießen, die Natur eines Hundes so gar nicht in sein Lebensumfeld passt, Bedürfnisse nicht erfüllt werden oder wir etwas verlangen, was der Hund (noch) nicht leisten kann.

Je schneller wir als Bezugspersonen erkennen, wo die Ursache eines Problems liegt, desto besser und präziser können wir eine Lösung finden.

Bei dieser Gelegenheit stellt sich dann auch gleich die Frage: „Wer entscheidet, ob etwas ein Problem ist?"

Ein Hund, der den ganzen Tag am Gartenzaun randaliert, stellt für seine Menschen vielleicht kein Problem dar, wenn sie zur Arbeit sind und davon gar nichts mitbekommen.
Für den Hund selbst allerdings wird dieses Verhalten und damit verbundener Mangel an Ruhe und Schlaf einen gravierenden Einschnitt in der Lebensqualität und eventuell, über kurz oder lang, auch gesundheitliche Folgen mit sich bringen.

Es lohnt sich also immer, ein genaues Auge auf unsere Hunde, ihr Verhalten und ihre Bedürfnisse zu haben, wenn wir ein langes, glückliches Leben mit ihnen verbringen wollen.

Wir müssen uns also auf klare Fakten (Beobachtungen und messbare Daten) verlassen, anstatt auf die vielen Mythen und Gerüchte, die über das Zusammenleben, das Training und das Wesen der starken Hunde im Umlauf sind. Sie sollen angeblich emotionslos, stur, erziehungsresistent, unkontrollierbar territorial oder sogar gefährlich sein. In diesem Buch schauen wir uns gemeinsam an, was wirklich dahintersteckt.

Du bekommst

- einen Einblick in die hündische Emotionswelt (logisch und nachvollziehbar)
- praktische Trainingstechniken für allerlei alltägliche Challenges mit starken Hunden und
- einen Einblick in die Charaktere und Persönlichkeiten der vielen unterschiedlichen starken Hunde.

Ich empfehle dir, das Buch einmal komplett durchzulesen und dir dabei deinen Werkzeugkoffer zu füllen. Danach kannst du es einfach als Nachschlagewerk nutzen.

Auch wenn du das Gefühl hast, ein Kapitel passt nicht zu euch, weil dein Hund zum Beispiel gar nicht jagt, wirst du vielleicht von den Einblicken in hündisches Verhalten überrascht sein und deinen Kumpel doch an der einen oder anderen Stelle wiedererkennen.

Zudem sind die einzelnen Signale immer in mehreren Lebenssituationen praktisch, denn einen Rückruf brauchst du nicht nur beim jagenden Hund.

Sind bestimmte Rassen oder Gruppen von Rassen in Bezug auf ein Verhalten erwähnt, dann deshalb, weil ich sie mit diesem Verhalten besonders häufig erlebe. Natürlich kann jeder Hund jedes Verhalten zeigen. Falls dein Hund also ein „Montagsmodell" zu sein scheint, bist du damit definitiv nicht allein.

Meine erste Erfahrung im Zusammenleben mit starken Hunden hat mir eine damals dreizehnjährige AmStaff-Dame namens Lady geschenkt. Ich kann mich noch sehr gut daran erinnern, wie ich versucht habe, ihr das Apportieren eines Futterbeutels beizubringen. Das hatte ich im Fernsehen gesehen und in einem Buch gelesen und es hatte so gewirkt, als müsse das wirklich jeder Hund können.

Heute muss ich über den ungeschickten Versuch und vor allem ihren goldigen Oma-Blick lachen. Es war, als wollte sie sagen: „Na klar will ich mitmachen, aber was zum Geier soll dieses Teil da sein?“

Auch Cooper kann mit dem Ding noch nichts anfangen.

Ich erinnere mich auch daran, wie sie sich über jeden kleinen Hund gefreut hat. Da wurde sie noch mal richtig jung, ist herumgesprungen und wollte hinlaufen.

Das waren dann auch die ersten gemischten Erfahrungen damit, wie andere Menschen auf Listenhunde reagieren, und bis heute eine Erinnerung, die mich Nachrichten und Labels kritisch hinterfragen lässt.

Wir leben leider in einer Zeit, in der Menschen regelrecht Angst vor Hunden gemacht wird. Diese Angst führt zu Konflikten und dabei bin ich der festen Überzeugung, dass wir mit gutem Beispiel vorangehen können, indem wir unsere Hunde freundlich und nett behandeln und sie sicher durch unser gemeinsames Leben führen.

Es ist spannend zu beobachten, wie sich die Reaktion der Passanten verändert, wenn wir freundlich und spielerisch mit dem Hund interagieren, anstatt im Stechschritt Befehle zu keifen.

Ladys Fröhlichkeit konnte ich dann auch in den beiden Staff-Mixen wiederfinden, die bisher in mein Leben gewedelt sind. Beide haben mich zu dem Kapitel über die Clowns inspiriert. Obwohl Terrier (auch die starken) als stur, bockig und sogar unerziehbar und gefährlich gelten, habe ich selten Hunde erlebt, die mit so viel Eifer, Elan, Freude und Intelligenz bei jedem Quatsch mitmachen.

Sie sind also nicht nur super im Training, sondern gehen mit uns durch dick und dünn.

Genau wie die vielen anderen starken Hunde knüpfen sie ein unfassbar dickes Band zu uns, wenn wir ihnen die Möglichkeit bieten, zu vertrauen.

Vielleicht hast du ja sogar Lust, mir deine Erfahrungen und Geschichten zu schicken. Es ist immer wieder schön zu sehen, wer die vielen tollen starken Hunde durch ihr Leben begleitet.

Als Verhaltenstrainerin ist meine Superpower definitiv Empathie, genau wie ein objektives Beobachten hündischen Ausdrucks, und genau diese nutze ich für Einblicke in die hündischen Besonderheiten, die wir uns in diesem Buch ansehen.

Ich habe daher meine eigene Einteilung gewählt, um die Persönlichkeiten verschiedener Hunderassen zusammenzufassen. Da die Natur dieses typisch menschliche Bedürfnis nach Schubladen nicht immer so ganz unterstützt, gibt es natürlich Hunde, die in mehrere davon passen. Es handelt sich hierbei also nicht um etwas Absolutes, sondern nur um eine kleine Hilfe für eine bessere Übersicht.

Mir ist dabei wichtig, dass wir das Potenzial unserer Hunde erkennen und verstehen lernen, dass sie uns eben nicht auf der Nase herumtanzen oder die Weltherrschaft an sich reißen wollen. Sie verhalten sich so, wie es in dem Moment für sie sinnvoll erscheint, und wenn das für unsere Menschenwelt nicht angemessen ist, liegt es an uns, einen Weg zu finden, der für beide passt.

Da ich auf Angst und Aggression spezialisiert bin, sehe ich auch überwiegend Teams mit diesen Herausforderungen und möglicherweise färbt das ein wenig die Zeilen dieses Buches.

Bitte sei dir sicher, dass es keine „gefährliche" – weil aggressive – Rasse gibt. Jedes Lebewesen kann Angst und Aggression erleben (auch wir) und egal, welcher Rasse ein Hund angehört, in so einem Fall braucht er unsere Hilfe.

Wenn du also mit deinem Hund so ein Problem hast, bist du nicht allein und es ist keine Schande, sich an Profis zu wenden. Dafür gibt es uns.

Doch beginnen wir ganz entspannt von vorn.

Starke Hunde – wer und wie sind sie?

Bevor wir ins Training starten, schauen wir uns doch einmal an, wer genau denn die „starken Hunde" eigentlich sind, von denen in diesem Buch die Rede ist.

Sie sind auf verschiedene Rassegruppen der FCI (Fédération Cynologique Internationale), dem internationalen Dachverband der Hundezucht, verstreut. Das liegt vor allem daran, dass sich ihre ursprünglichen Zuchtziele doch sehr stark voneinander unterscheiden.

Wurden Herdenschutzhunde beispielsweise zum Bewachen einer Herde eingesetzt (und selbst unter diesen gibt es sehr große Unterschiede in der Verwendung), wobei sie selbstständig agieren sollten, gab es Kriegs- und Jagdhunde wie den Dogo Argentino, die durchaus mit dem Menschen kooperieren sollten.

Molosser – Doggenartige

Hierunter finden wir sowohl die Doggen als auch Rottweiler, Boxer, Mastiffs, den Shar Pei bis zum Fila Brasileiro und Tosa.

Die geschichtliche Verwendung dieser Rassen ist vielfältig. Die Bulldoggen wurden gerne als Bullenbeißer eingesetzt – ein grausamer „Sport" vor allem im England des 17.–19. Jahrhunderts, wobei die Hunde in Schaukämpfen den Bullen an der Nase packen und festhalten sollten und darauf gewettet wurde, wer gewann. Aber auch im übrigen Europa wurden doggenartige Hunde, die als „Bullenbeißer" oder „Bärenbeißer" bezeichnet wurden, zum Bändigen der zur Schlachtung bestimmten Bullen oder zur Jagd auf Wildschweine oder anderes Wild benutzt.

Manche von ihnen wurden sogar in Kriegen mit den Armeen mitgeführt.

Der Rottweiler und der Uruguayische Cimarron waren ursprünglich Treibhunde (vergleichbar mit einem Australian Cattle Dog), wobei der Rottweiler später den Weg in die Diensthundekreise fand.

Sowohl der Shar Pei als auch der Dogo Argentino, die Bordeaux-Dogge und die Englische Bulldogge haben Vorfahren in der Hundekampf-Szene, werden aber seit Jahrhunderten nicht mehr für diesen widerlichen „Sport" selektiert.

Alle Vertreter dieser Gruppe übernahmen in ihrer Geschichte Wach- und/oder Schutzfunktionen und sollten aufgrund ihrer Größe abschreckend wirken.

Molosser – Berghunde

Hier finden sich einige bekannte Rassen wie der Landseer, Bernhardiner, Hovawart, Neufundländer, Leonberger, Tornjak, Kangal und Pyrenäenberghund, aber auch ein paar ursprüngliche Schäfer- und Hirtenhunde sowie manche Mastiffs.

Während einige Rassen hier als reine Hofhunde eingesetzt wurden (Hovawart beispielsweise), waren andere klassische Herdenschutzhunde, die zum Bewachen (und Hüten) von Tieren abgestellt und mitgenommen wurden (Kangal und die Hirtenhunde zum Beispiel), wieder andere sollten schwere Lasten ziehen und wurden schon früh zur Menschenrettung eingesetzt (wie Bernhardiner und Neufundländer).

Herdenschutzhunde

Sie finden sich in der FCI-Gruppe der Hüte- und Treibhunde, da sie zwar vorwiegend zum Bewachen der Tiere eingesetzt wurden, große Herden unterwegs aber auch zusammenhalten sollten. Das trifft vor allem auf jene Hunde zu, die mit ihren Herden auf Wanderschaft waren. Die Hunde sollten mutig sein und selbstständig Gefahren abwehren. Um diese zu erkennen, mussten sie kleinste Veränderungen in der Umwelt sensibel wahrnehmen können. Das erklärt, warum viele Herdenschutzhunde nicht gut mit häufigen Veränderungen in ihrem Alltag klarkommen und dann leicht Stress bekommen. Gerade unter den Herdenschutzhunden finden wir sehr viele, die mehr oder weniger autonom mit ihren Herden leben. Sie vermehren sich zum Teil auch wild und unkontrolliert (besonders, wenn sie auf Wanderschaft an Siedlungen vorbeikommen), und es entstehen „Rassen", die nicht in der FCI anerkannt sind. Ihre Verwendung gleicht dennoch der unserer anerkannten Herdenschützer. Sie sollen ihre Tiere bewachen, gegen Feinde verteidigen und zusammenhalten. Viele von solchen wilden Mixen landen im Tierschutz und oft über Umwege wieder bei uns.

Herdenschutzhunde aus Südosteuropa

Natürlich sind Tornjak, Owtscharka, Sarplaninac, Griechischer Schäfer und viele weitere, die aus dem Südosten und Osten Europas – oft über den Auslandstierschutz – zu uns kommen, nicht gleich. Ihre Herausforderungen mit unserer Menschenwelt jedoch meist schon.

Herdenschutzhunde sollen sehr sensibel auf jegliche Veränderung in ihrer Umwelt reagieren und dann selbstständig einschätzen, ob Gefahr droht. Falls ja, sollen sie entsprechend handeln, sprich die Gefahr unschädlich machen. Stellen wir uns vor, wie viele kleine Veränderungen nonstop auf unsere „zivilisierten" Hunde einprasseln und wie flexibel sie sich ständig anpassen müssen, wird schnell klar, womit Herdenschutzhunde oft Probleme haben.
Besonders Mixe, die aus einer vollkommen anderen Umgebung in unsere hektische Menschenwelt adoptiert werden und zu den vielen neuen Reizen (die sich ständig ändern) auch noch massig an Einschränkungen akzeptieren müssen, können da schon mal straucheln.
Was wir dann sehen, sind diverse Ängste, Stress (der sich wiederum in Jagen, Hektik oder auch Aggression äußern kann) oder auch ein Abschalten und Zurückziehen.
Wir müssen also umsichtig und rücksichtsvoll mit unseren großen Sensiblen umgehen und ihnen ein langsames Umstellen ermöglichen.
Siehe dazu auch den Kasten „Achtung, Fake Goldies!" auf S. 207.

Begleithunde – kleine doggenartige Hunde

Hier finden wir die Mini-Molosser. Mops, Boston Terrier und Französische Bulldoggen waren neben ihrer Tätigkeit als Rattenfänger (Ausnahme: Mops) immer schon Begleithunde. Sie entwickelten sich zwar mitunter aus anderen Molossern und bringen daher auch einige ihrer Charaktereigenschaften mit, können sie allerdings oft nur eingeschränkt nutzen. Ihre Lebensqualität ist durch die überdeutlichen Qualzuchtmerkmale (unter anderem Gelenke, Kopf inklusive Kiefer, Nase und Mund) stark eingeschränkt.
Die kleinsten Vertreter lebten als beliebte Haus- und Hoftiere bei unseren adeligen Vorfahren, die sie auffallend häufig auch in Bildern und Statuen festhalten ließen. So können wir noch heute „Finde den Mops" in Malereien spielen.

Wie werden Hunde gefährlich – das „Scharfmachen"

Grundsätzlich kann jeder Hund gefährlich werden (genau wie jeder Mensch). Je impulsiver und reizoffener ein Hund ist, also je schneller und heftiger er auf äußere Einflüsse reagiert, desto kürzer ist oft auch der Weg in die Aggression.
Das machen sich Menschen zunutze, die ihre Hunde als Waffen einsetzen wollen.
Ich erspare dir hier selbstverständlich Details zum Vorgehen der Hundekampf-Szene.
Für uns ist wichtig, dass die Hunde bereits von klein auf in die Aggression (oder in fehlgeleitetes Beutefangverhalten) gedrängt werden, und das passiert nicht freundlich!
Dabei dürfen sie sich NIEMALS gegen einen Menschen richten. Ganz egal, was der mit ihnen macht. Immerhin wollen die Teilnehmer und Veranstalter nicht selbst verletzt werden.
Gewollt sind also Hunde, die unglaublich viel aushalten, sich durch nichts von ihrem Vorhaben abbringen lassen und blitzschnell reagieren.

Bullartige Terrier

Hier finden wir den Bullterrier, Miniature Bullterrier, Staffordshire Bullterrier und den American Staffordshire Terrier.

Sie wurden sowohl für die Jagd als auch als Rattenfänger und zum Schutz gegen Gefahren (beispielsweise Kojoten) eingesetzt. Zudem wurden sie zur Belustigung in den Arenen gegen andere Tiere und Artgenossen gehetzt.

Da bei diesem „Sport" extra darauf geachtet wurde, Aggression gegen den Menschen züchterisch zu eliminieren, wurden die Hunde nach dem Verbot der Kämpfe schnell zum beliebten Familien- und Begleithund.

Je nachdem, wozu eine Hunderasse ursprünglich gedacht war, wurden die jeweiligen Zuchttiere selektiert. So durften sich nur die Tiere miteinander verpaaren, die auch den Rassestandards (heute vor allem optisch, früher eher durch ihr Verhalten) entsprachen.

Doch ist Verhalten genetisch überhaupt beeinflussbar? Immerhin sind unsere Hunde doch alle Individuen, und wenn wir davon ausgehen, dass es keine „gefährliche" Rasse gibt, wie kann Verhalten dann überhaupt vererbbar sein?

Auf diese Fragen gibt es ebenso wenig eine pauschale Antwort wie auf die Frage nach dem Charakter starker Hunde.

Alles Pitbull, oder was?

Im Volksmund ist ein Terrier mit kantigem Kopf schnell automatisch ein Pitbull. Doch die echten American Pitbull Terrier, die im American Kennel Klub als Rasse anerkannt sind, hierzulande aber nicht, unterscheiden sich deutlich von ihren Verwandten, den Staffordshire Bullterriern und American Staffordshire Terriern.

Gemein haben sie ihre Geschichte als Kämpfer, und wenn sie heute aus illegalen Kampfringen stammen („Game dogs"), können sie leider massive Angst-, Aggressions- und Jagdthemen (inkl. fehlgeleitetem Beutefangverhalten) mitbringen. Wurden sie seriös aufgezogen und behandelt, sind sie alle fröhliche, freundliche Familienhunde, die super einfach zu motivieren und damit auch zu trainieren sind. Sie sind einfach für jeden Quatsch zu haben.

Unterschiedlich sind die Optik (vom schlanken, athletischen Pitbull bis zum kleinen, stämmigen Staffi), die Jagdpassion und auch die Energielevel.

AmStaff und Staffi (Staffordshire Bullterrier) sind sich im Verhalten noch recht ähnlich, der Pitbull allerdings bringt meist mehr Energie, mehr Jagdpassion und weniger Verständnis für Ruhe mit. Er ist ein Hochleistungssportler.

Alle drei brauchen ein gutes Maß an mentaler Auslastung, Möglichkeit zur ungezwungenen Bewegung und Ruhe – der Pitbull am allermeisten.

Manche Charaktereigenschaften und Persönlichkeitsmerkmale, wie auch manche Verhaltensweisen, sind stärker genetisch beeinflusst und andere weniger stark.

Ein gutes Beispiel hierfür ist das Jagdverhalten. Grundsätzlich sind alle Hunde in der Lage, die ganze Jagdkette vom Wahrnehmen bis zum Verspeisen abzuspulen. Durch züchterische Beeinflussung wurden allerdings Rassen geschaffen, die manche Teile der Jagdkette stärker zeigen und andere dafür (fast) gar nicht.

So knautschen Bullies oft liebend gerne auf Gegenständen herum oder zerstören diese auch. Sie zeigen vor allem das Packen, (Tragen) und Zerlegen der Jagdkette. Das Belauern sieht man bei ihnen dafür weniger intensiv als beispielsweise bei einem Border Collie.

Wollen wir eine Gemeinsamkeit zwischen Border Collie (oder auch einem Malinois) und starken Hunden finden, können wir zu den starken Terriern schauen. Bei ihnen war, genau wie bei vielen Hütehunden, eine hohe Impulsivität gewünscht.

Impulsivität ist ebenfalls genetisch gut beeinflussbar, und Terrier – auch die Starken – können sie durchaus mitbringen.

Das beeinflusst auch, dass sie bei Bedrohung schneller den Weg nach vorne wählen können, als die Flucht zu ergreifen. Immerhin sollten sie in ihrer grausamen Geschichte in der Pit, der „Kampfgrube" für die Tierkämpfe, blitzschnell reagieren und bis zum bitteren Ende dranbleiben.

Seit die Terrier allerdings vor allem Familien- und Begleithunde sind, hat sich diese Eigenschaft deutlich gewandelt, und wir sehen viel öfter ein Herumkasperln als Aggression im ersten Impuls.

Auch heute noch wollen wir bei den starken Terriern Hunde, die jeden Quatsch mitmachen (also schnell aktivierbar sind) und unglaublich ausdauernd gute Laune zeigen. Auch dann, wenn sie über ihre eigenen Grenzen gehen.

Uns Menschen muss bewusst sein, dass so ein „Hothead" erst lernen muss, andere Optionen zu wählen. Mehr dazu sehen wir uns im Kapitel über die Clowns und die Leinenpöbler noch genauer an.

Wir müssen auch lernen, kleinste Signale solcher Hunde zu erkennen und für ihr Wohl zu entscheiden. Schmerzen werden wir bei ihnen beispielsweise ansonsten schnell mal zu lange übersehen, denn wo ein Molosser tendenziell im Schmerz langsamer wird, kann ein Terrier immer mehr aufdrehen (natürlich hängt auch das sehr vom individuellen Charakter und der Lernerfahrung ab).

Anderes Verhalten ist allerdings erblich weniger beeinflussbar. Hierzu zählt zum Beispiel die Leinenführigkeit. Sie hat einfach damit zu tun, wie gut wir unseren Hunden vermitteln, was wir von ihnen wollen. Sie liegt also in unserer Verantwortung.

Grundsätzlich können wir uns als Leitlinie für Erblichkeit die Natürlichkeit nehmen. Hat ein Verhalten einen natürlichen Vorteil, ist es schneller genetisch beeinflussbar, als wenn es etwas ist, das nur in der Menschenwelt benötigt wird.

Generell muss uns bewusst sein, dass die frühe Entwicklung in den ersten Lebenswochen einen deutlich stärkeren Einfluss auf das Verhalten unserer Hunde hat als die Genetik allein. Genau wie die Erfahrungen, die im Laufe des Lebens dazukommen.

Als Vergleich können wir uns die Genetik wie die elektrische Verkabelung eines Hauses vorstellen. Welche Endverbraucher (im Hundebeispiel die Erfahrungen) am Kabel befestigt werden, entscheidet darüber, was für eine Lichtquelle im Haus zu sehen ist oder welche Geräte laufen. Schalten wir gar nicht erst ein, bleibt es dunkel oder stumm, egal wie gut die Verkabelung ist.

Es liegt also an uns, was wir aus den genetischen Grundlagen unserer Hunde machen und wie wir sie fördern, um ein entspanntes Leben in unserer Menschenwelt zu ermöglichen.

Eine Eigenschaft gibt es dann allerdings doch, die allen starken Hunden zugesprochen wird: die Sturheit.

Dabei ist dieser Begriff durchaus dehnbar. Ist jemand stur, weil er eine angefangene Tätigkeit zu Ende bringen will, auch wenn Ablenkungen dazukommen?

Das trifft auf viele starke Hunde zu, und dieser Charakterzug ist meiner Erfahrung nach oft praktisch, denn er hilft uns im Training beim Widerstehen von Ablenkungen während einer Übung und auch bei der Beschäftigung. Denn ein Hund mit Durchhaltevermögen sucht beispielsweise deutlich ausdauernder als einer, bei dem diese Eigenschaft nicht so stark ausgeprägt ist.

Heißt stur vielleicht auch, dass dieser Hund nicht einfach in blindem Gehorsam macht, was man ihm sagt, selbst wenn es ihm schadet?

Auch das ist eigentlich sehr clever.

Ein Hund, der auf sich selbst achtet, rennt nicht blind in sein Verderben und kann uns sogar helfen, unsere eigenen Fehler auszugleichen.

Möchten wir beispielsweise ein „Sitz" von einem Hund, der unerkannte Schmerzen in der Hüfte hat, kann ein konsequentes Verweigern seinerseits für uns ein deutliches Zeichen sein, dass Handlungsbedarf besteht.

Wenn wir also diese „Sturheit" nicht einfach abtun oder uns vielleicht sogar über sie ärgern, sondern genau hinhorchen, was unsere Hunde uns eigentlich sagen wollen, erkennen wir deutlich mehr Kooperationsbereitschaft und können selbst verlässlichere Begleiter werden.

Der erste Schritt dahin ist, dass wir das Label „stur" gegen weniger emotionale Alternativen wie „nachdenklich" oder „durchhaltend" ersetzen.

Diese Idee beruht auf kleinen Mindset-Tricks, mit denen wir unsere eigenen Emotionen und unterbewussten Handlungen kontrollieren können. Achten wir bei unseren Beschreibungen einmal bewusst darauf, was einzelne Etiketten mit uns machen, erkennen wir schnell, welche Wörter wir lieber ersetzen.

Das ist allerdings für jeden Menschen anders. Es gibt zwar typische „Trigger" wie „dumm" oder „stur", die für sehr viele von uns negative Emotionen mitbringen, andere Wörter allerdings erfüllen den einen mit Stolz, während der andere automatisch hochkocht. Dazu gehören beispielsweise „aggressiv" oder „dickköpfig", aber auch grundsätzlich positive Wörter wie „selbstbewusst" können mit negativen Bewertungen verknüpft sein.

Wir Menschen haben eben auch unsere eigenen Lernerfahrungen und sie beeinflussen solche Verknüpfungen enorm.

Dasselbe gilt natürlich auch für das Verhalten unserer Hunde.

Gibt es etwas, das dich immer wieder ärgert?

Bei mir war es eine lange Zeit der selektive Hörverlust meiner Hunde. Also die Momente, in denen sie ein Signal von mir einfach ignoriert haben.

Obwohl ich wusste, dass Hunde nichts absichtlich machen, um uns zu ärgern, haben mich diese Momente teilweise wirklich zur Weißglut getrieben. Bis ich begriffen habe, dass diese automatische Reaktion an meinen Erfahrungen liegt und ich daran etwas ändern kann.

Wollen wir das, ist es an uns, einen Schritt zurückzutreten, die Situationen in aller Ruhe zu reflektieren und dabei wirklich hinzuschauen, was mit unseren Hunden in dem Moment los ist.

Für das Ignorieren meiner Signale gab es aus Hundesicht immer einen Grund:

- Das Signal war in der Situation noch nicht gut genug trainiert (zum Beispiel war die Ablenkung zu stark).
- Mein Hund fühlte sich nicht wohl (zum Beispiel ein „Sitz" auf nassem Untergrund ist einfach unangenehm oder Schmerzen beeinträchtigten seine Aufmerksamkeit).
- Andere, natürlich hündische Dinge waren gerade wichtiger (hier sind wir wieder beim Training unter Ablenkung und auch bei hündischen Bedürfnissen).
- Der Stresspegel war zu hoch (zum Beispiel ist das Nervenkostüm nach einem Gewitter bei einem geräuschempfindlichen Hund eher dünn).

Erkennen wir einen dieser Gründe und hören auf, alles persönlich zu nehmen oder uns in unserer Autorität untergraben zu fühlen (aka Machtspielchen zu spielen), können wir deutlich entspannter daran arbeiten und sind auch fairer zu unseren Hunden.

Denn wichtig zu wissen ist: Sie wollen uns definitiv nicht veräppeln, auch wenn das immer wieder behauptet wird. Packen wir das also ganz schnell dahin, wo es hingehört – ins Reich der Mythen!

Mythen

Apropos Mythen. Nehmen wir ein paar von ihnen doch einfach mal auseinander.

Mythos: „Starke Hunde sind mit gleichgeschlechtlichen Artgenossen unverträglich“

Nope. Wie bei allen Hunden gibt es Individuen, die mit gleichgeschlechtlichen Artgenossen verträglich sind, und solche, die es nicht sind (übrigens sind auch nicht alle intakten Rüden untereinander unverträglich, wenn wir schon dabei sind).

Eine mögliche Erklärung für Unverträglichkeit mit gleichgeschlechtlichen Artgenossen ist ein ganz simples Ressourcenthema. Ist einem Hund ein Sexualpartner besonders wichtig und dieser ist in der Nähe (der Geruch ist teilweise ausreichend, um das Verhalten auszulösen), wird er diesen vor Konkurrenz verteidigen.

Eine andere Erklärung ist eine negative Erfahrung mit einem gleichgeschlechtlichen Artgenossen. Die kann beispielsweise in einer Welpenspielgruppe passiert sein und muss gar nicht superoffensichtlich für uns Menschen gewesen sein.

Wurde ein Welpe vielleicht von einem anderen bedrängt oder zu lange gejagt oder gar gemobbt und konnte nicht ausreichend positive Erfahrung mit dem gleichen Geschlecht sammeln, kann diese Erfahrung ausreichen, um zu generalisieren, und es werden alle Hunde gleichen Geschlechts doof. Dieser Prozess der Generalisierung passiert gern schleichend und wir bemerken ihn gar nicht, da wir zu nahe dran sind.

Das ist etwa vergleichbar mit unserem Gewicht während einer Nahrungsumstellung. Wir selbst haben das Gefühl, es ändert sich überhaupt nichts und frusten vielleicht schon, bevor wir einen alten Bekannten das erste Mal nach langem Wiedersehen und hören, wie sehr wir uns verändert haben.

Also grundsätzlich gilt: nein, nicht alle (starken) Hunde sind mit gleichgeschlechtlichen Artgenossen unverträglich.

Ich kenne solche und solche und wir müssen auf unseren individuellen Hund hören, anstatt ihm etwas anzudichten oder zu prophezeien. Denn wenn wir sicher sind, unsere Hunde werden irgendwann unverträglich, handeln wir sehr wahrscheinlich unterbewusst so, dass diese Annahme irgendwann Realität wird. So funktioniert das Gesetz der Anziehung (kleiner Exkurs in die Neurowissenschaften).

Mythos: „Starke Hunde können nicht erzogen werden“

Jeder Hund lernt, sofern das Gehirn gesund ist. Das Lernen funktioniert genau wie bei uns auch und wir können starken Hunden genauso etwas beibringen wie allen anderen Hunden.

Die Motivationen, die wir dabei nutzen, können sich teilweise unterscheiden.

Zwar haben starke Hunde viele Bedürfnisse mit anderen Hunden gemeinsam (Essen, Spielen, Buddeln, Beobachten, Rennen, Artgenossen treffen, …), viele von ihnen wurden züchterisch allerdings nicht

darauf selektiert, besonders gerne mit dem Menschen zusammenzuarbeiten.

Ist Aufmerksamkeit vom und Zusammenarbeit mit dem Menschen kein besonders starkes Bedürfnis eines individuellen Hundes, brauchen wir eben passendere Motivatoren im Training.

Denn wenn wir wollen, dass unsere Hunde etwas machen, muss es sich für sie lohnen. Egal, ob wir dazu „Training" oder „Erziehung" sagen. So funktioniert das Leben nun einmal.

Mythos: „Starke Hunde sind dominant"

„Dominant" wurde mittlerweile in so vielen verschiedenen Varianten falsch benutzt, dass es schon fast lächerlich geworden ist.

Dank einer sehr bekannten TV-Show, in der jeder Hund als „dominant" betitelt wurde, sobald er irgendein unerwünschtes Verhalten zeigte, ist es ein Wort ohne jeglichen Sinn geworden.

Eigentlich beschreibt Dominanz im Tierreich das Erlangen oder Behalten einer Ressource (auch unter Gebrauch von Aggressionsverhalten). Also Ressourcenverteidigung. Dominanz ist also situativ und innerartlich, keinesfalls eine Eigenschaft.

Im Grunde können wir auch einfach bei Ressourcenverteidigung bleiben und uns die ganzen automatischen negativen Beigeschmäcker sparen, die beim Wort „Dominanz" auftauchen. An dieser Stelle können wir auch gleich den Rang mitnehmen. Hunde bilden keine Hierarchien in ihren Gruppen. Jeder verteidigt das, was ihm wichtig ist.

Sie verhalten sich dabei sehr clever und konfliktvermeidend (es wird viel beschwichtigt und dann gedroht, bevor Aggression gezeigt wird, und selbst die verläuft sehr lange sehr gehemmt, um Verletzungen zu vermeiden).

Mythos: „Starke Hunde hinterfragen ständig ihren Führer und versuchen, in der Hierarchie nach oben zu klettern"

Hinter dieser Aussage steckt ganz viel Vermenschlichung und Misstrauen. Hunde bilden keine fixen Hierarchien, schon gar nicht mit einer anderen Spezies (uns Menschen). Sie wollen auch nicht irgendeine Macht über uns ergreifen (Hunde haben kein Macht-Konzept) und uns unterjochen.

Hunde machen, was ihnen einen Vorteil bringt (ganz natürlich also). Das Macht-Denken dagegen ist eine menschliche Besonderheit.

„Hinterfragen" unsere Hunde also ständig unsere Signale oder Grenzen, liegt das entweder daran, dass wir nicht gut genug trainiert haben (unser Fehler), oder der Hund keinen Vorteil im Befolgen sieht (die Belohnung ist nicht ausreichend).

Falls du jetzt denkst, es müsse nicht immer eine Belohnung geben, bist du damit zwar nicht allein, aber die Alternative wäre, dass es eine unangenehme Konsequenz stattdessen gibt, die der Hund vermeiden will.

Lebewesen tun etwas (nicht), weil sie etwas Attraktives haben oder etwas Unangenehmes vermeiden wollen.

Mythos: „Positives Training setzt keine Grenzen“

Vielleicht hast du schon mal gehört, dass bedürfnisorientiertes (auch positives genannt) Training keine Grenzen setzt. Angeblich dürfen die Hunde machen, was sie wollen, und bekommen dafür noch Kekse ins Maul gestopft.

Diese steile These wird leider fleißig von Menschen verbreitet, die nicht wissen, wie gutes positives Training gemacht wird. Vielleicht haben sie bisher nur falsch verstandenes Training gesehen. Vielleicht verbreiten sie es auch absichtlich, um den Gebrauch von Druck, Zwang und Härte zu rechtfertigen.

Tatsache ist: Die Aussage ist falsch.

Jedes Mal, wenn mein Hund in Nachbars Vorgarten gehen möchte, verhindere ich das. Ich setze eine Grenze. Anfangs, indem ich die Leine festhalte, dann durch ein Aufmerksamkeits- oder Markersignal (dazu kommen wir noch).

Möchte mein Hund einem Wildtier nachlaufen, stoppe ich ihn durch ein Leinenende-Signal oder den Geschirrgriff, oder es reicht auch hier ein Aufmerksamkeitssignal (auch diese Signale findest du alle im Laufe des Buches).

Merke ich, dass mein Hund die Tendenz hat, auf meinen Couchtisch zu steigen, nutze ich auch hier mein Markersignal, bevor er überhaupt dazu kommt, und / oder sage ihm rechtzeitig, was ich gerne stattdessen hätte (beispielsweise, dass er auf eine Decke geht).

Grenzen zu setzen ist also ein ganz normaler Bestandteil des täglichen Zusammenlebens mit Hund. Auch wenn wir uns für einen fairen Umgang entscheiden. Der Unterschied zum Umgang mit „Korrekturen“ ist, dass wir den Hund nicht erst ins offene Messer laufen lassen (also „Fehler“ aus unserer Sicht), bevor wir eingreifen.

Und nein, wir sind natürlich keine magischen Zauberwesen, die alles immer vom ersten Mal an vorhersagen können. Aber … Wenn unsere Hunde etwas tun, das wir nicht wollen, unterbrechen wir freundlich (verschiedene Beispiele begegnen uns im Laufe des Buches), und beim nächsten Mal wissen wir, was wir erwarten können.

Je besser wir unsere Hunde im Laufe des Lebens kennenlernen, desto einfacher wird es außerdem, ihr Verhalten vorherzusehen. Gerade, wenn sie Quatsch machen wollen. Den Schelm im Gesicht erkennen wir doch sofort, oder?

Mythos: „Starke Hunde sind gefährlich“

Hier sind wir bei einem ganz heißen Thema angelangt, denn Medien und Politik sind auf diesen Zug aufgesprungen.

Wir können weder beschönigen noch verharmlosen, dass es furchtbare Beißvorfälle mit Hunden gab.

Es gibt allerdings keine verlässlichen Daten bezüglich der Gefährlichkeit der Rassen in Bezug auf die Häufigkeit derselben. Dazu werden zu viele Zwischenfälle innerhalb der Familie nicht bekannt, wo die meisten Bisse passieren.
In Deutschland starben beispielsweise im Jahr 2023 drei Menschen an den Folgen von Hundebissen.[1]

1 Quelle: https://de.statista.com/statistik/daten/studie/157642/umfrage/todesfaelle-durch-hundebisse-nach-bundeslaendern-von-1998-bis-2007/

Im Vergleich dazu wurden 36 unter 17-Jährige im Jahr 2023 ermordet.[2]
In den USA sterben pro Jahr zwischen 35 und 60 Menschen an den Folgen von Hundebissen.[3]
Die Todesfälle durch Haushaltsunfälle in den USA belaufen sich auf über 100.000 pro Jahr.[4]

Hierbei sind jeweils alle Rassen zusammengefasst. Hunde sind also deutlich ungefährlicher als unser restliches Leben, und wir dürfen nicht vergessen, dass sie normalerweise eine ganze Reihe an Warnungen abgeben, bevor sie zubeißen.

Werden dagegen bestimmte Rassen als besonders gefährlich hingestellt, werden sie auch automatisch attraktiver für die Menschen, die Hunde als Waffe missbrauchen wollen.

Und wir dürfen nicht vergessen, dass Training (inklusive dem Umgang im Alltag) über Angst und Schmerz dazu führen kann, dass Hunde aggressiv reagieren.

Genauso kann Aggression und Angst gesteigert vorkommen, wenn in den ersten Lebenswochen keine Fürsorge der Mutter gegeben ist.

Es ist also wichtig, wie wir mit unseren Hunden umgehen und woher wir sie haben.

Mythos: „Starke Terrier sind Nanny Dogs und immer absolut kinderfreundlich“

Ja, bei den bullartigen Terriern wurden Hunde, die Aggression gegen Menschen zeigten, sofort aus der Zucht genommen (und / oder getötet), und sie sind körperlich sehr robust, lassen sich also einiges gefallen.

Das bedeutet allerdings nicht, dass wir einfach zusehen dürfen, wie Kinder an ihnen herumziehen oder auf ihnen herumspringen.

Es ist erschreckend, auf wie vielen Fotos wir deutliche Stresszeichen (geweitete Augen, abgewandter Blick, angespannte Gesichtsmuskulatur, Faltenbildung, zurückgelegte oder zusammengezogene

Dieser Hund braucht Hilfe: Seine ganze Körpersprache drückt mit Wegdrehen, Hecheln, Weiß im Auge und zurückgelegten Ohren deutliches Unbehagen aus.

2 Quelle: https://de.statista.com/statistik/daten/studie/167208/umfrage/kinder-und-jugendliche-mordopfer-unter-18-jahren-in-deutschland/
3 Quelle: https://worldanimalfoundation.org/advocate/dog-bite-statistics/
4 Quelle: https://www.cdc.gov/nchs/fastats/accidental-injury.htm

Ohren, ...) beim Hund erkennen, wenn wir im Internet nach „Hund und Kind" suchen.

Für Hund und Kind muss es also eindeutige Spielregeln geben, die dem Schutz beider dienen. Eine Expertin berät hierzu gerne.

Mythos: „Positives Training macht Hunde gefährlich"

Diese Aussage taucht in letzter Zeit vermehrt auf und ist ein verzweifelter Versuch, aversives Training wieder gesellschaftsfähiger zu machen, indem zeitgemäße und freundliche Methoden in den Dreck gezogen werden.

Es gibt keinerlei fundierte Belege für diese Aussage, und auch logisch ergibt sie keinen Sinn.

Warum sollte ein freundlicher Umgang Aggression fördern?

Dahinter steckt fehlendes Fachwissen. Es wird davon ausgegangen, dass bedürfnisorientiertes Training keine Grenzen setzt und der Hund einfach machen darf, was er will. Das ist fachlich schlicht falsch.

Lass dich also nicht verunsichern.

Studien zeigen, dass Training auf Basis positiver Verstärkung (nicht ausschließlich positiv, denn das ist nicht möglich) effektiver ist. Training unter Einsatz positiver Strafe (Synonyme sind manchmal auch „Korrekturen", „Raumverwalten", „Impulse" und Ähnliches) – also schmerzhafte oder erschreckende Reize zum Verringern eines Verhaltens – kann das Auftreten von Aggressionsverhalten und Ängsten fördern.

Mythos: „Starke Hunde sind nicht bestechlich, daher funktioniert Futter im Training nicht"

Meiner Erfahrung nach funktioniert Futter im Training bei den meisten Hunden sehr gut. Möchte ein Hund nicht essen, gibt es dafür einen Grund.

Dieser kann gesundheitlich oder mental sein. Bauchschmerzen, Ängste, Stress, Übelkeit und vieles mehr schlägt sich auf den Appetit, und wenn wir Futter im Training verwenden, sehen wir sofort, dass etwas nicht stimmt, wenn es nicht angenommen wird.

Dieser Mythos kann neben einer Fehlinterpretation der Unbestechlichkeit (Futter im Training ist keine Bestechung) allerdings auch daherkommen, dass sich manche starken Hunde nicht so gut locken lassen.

Das passiert vor allem dann, wenn das Locken falsch gemacht wird.

Versucht man beispielsweise, einen Hund zu etwas Gruseligem zu locken (warum das keine gute Idee ist, erfährst du später), macht es für den Hund Sinn zu verweigern.

Ebenso, wenn wir zu lange locken und der Hund einfach die Lust verliert. Es ist, wie wenn uns der Chef die Beförderung zu lange vor die Nase hält, damit wir irgendwelche Extraaufgaben oder Überstunden machen. Wir spielen das nicht ewig mit. Irgendwann zweifeln wir daran, die Beförderung jemals zu bekommen, und strengen uns nicht mehr an.

Dasselbe passiert beim Locken mit unseren Hunden. Ziehen wir ewig einen Keks vor der Nase her, verliert der Hund irgendwann das Interesse. Er nimmt an, diesen Keks bekommt er ohnehin nicht, also macht er etwas, das sich mehr lohnt.

Mythos: „Futter im Training ist nur Ablenkung"

Meist wird an diese Aussage gekoppelt, dass der Hund nichts lernt oder dass er sich erst gar nicht mit einer bestimmten Situation auseinandersetzt. Besonders oft begegnet uns dieser Mythos nämlich im Begegnungstraining (wenn Hunde ihre Artgenossen oder Menschen an der Leine anpöbeln).

Die Behauptung, Hunde würden nichts lernen, wenn sie belohnt werden, nachdem sie einen Artgenossen erblickt haben und noch nicht pöbeln, ist schlicht falsch.

Im Gegenteil.

Es wird eine neue Verknüpfung hergestellt.

Bisher löste der Anblick von Artgenossen automatisch ein negatives Gefühl aus (sonst würde unser Hund ja nicht ausrasten), und durch die Belohnung im passenden Moment können wir dieses Gefühl verändern.

Natürlich gehört zu einem gelungenen Begegnungstraining mehr als nur ein Keksi beim Anblick eines Artgenossen – deshalb gibt es dafür ja ein ganzes Kapitel in diesem Buch.

Der grundlegende Unterschied zwischen Belohnung und Ablenkung ist allerdings folgender: Beim Ablenken wollen wir, dass der Hund das Monster (Menschen, Hunde, Mülltonnen, …) NICHT wahrnimmt, sondern sich einfach auf das Futter und uns konzentriert.

Beim Belohnen inkludieren wir bewusst, dass sich der Hund mit dem Monster auseinandersetzt, ein wünschenswertes Verhalten (beispielsweise ruhig schauen) zeigt, und dafür bekommt er Futter.

Lernen kann der Hund nur beim Belohnen. Ablenken kann zwar auch mal ein Notanker sein, wenn wir wissen, dass nichts anderes funktionieren würde, und nichts lernen immer noch besser ist als ausrasten üben. Wir wissen aber auch, wenn wir Ablenken nutzen, dass wir eigentlich gerade nicht trainieren und beim nächsten Mal besser planen müssen.

Ablenken kann ein Notfalltool sein, Training ist aber komplexer.

Mythos: „Kommunizieren statt Konditionieren“

Bei diesem Leitsatz handelt es sich um einen Marketing-Gag, der leider auf einem Irrglauben beruht.

Man geht davon aus, dass durch „körpersprachliche Kommunikation“ mit dem Hund kein Training über „Konditionierung“ nötig ist. Wobei mit „Konditionierung“ meist Belohnung gemeint ist. Allerdings ist jede Konsequenz, ob körpersprachlich oder mit einem Hilfsmittel (beispielsweise Futter als Belohnung oder eine kalte Dusche aus der Wasserflasche als Strafe), eine Form von Konditionierung.

Die beiden Formen der Konditionierung sind ständig aktive Lernformen.

Es gibt die klassische Konditionierung, wobei etwas Gutes oder Schlechtes mit etwas Neutralem verknüpft wird.

Ein einfaches Beispiel ist das Klingeln der Mikrowelle. Der Ton allein hat keine Bedeutung. Machst du dir aber ein paarmal Essen in der Mikrowelle warm und freust dich schon drauf, wird der Ton eine Reaktion und sehr wahrscheinlich auch eine Emotion in dir hervorrufen. Du wirst vom Sofa aufspringen, wenn du das Klingeln hörst.

Im Hundetraining machen wir uns dieses Phänomen beim Markersignal zunutze. Wir erklären dem Hund: Nach diesem Geräusch kommt etwas Gutes.

Natürlich funktioniert das Ganze allerdings auch mit unangenehmen Konsequenzen.

Hast du schon mal in eine Zitrone gebissen und beim nächsten Mal hat sich dein Mund schon beim Anblick der Zitrone zusammengezogen?

Das ist klassische Konditionierung.

Oder bist du in einer Kurve schon mal ins Schleudern geraten und beim nächsten Mal an derselben Kurve war plötzlich eine ungewohnte Anspannung da, obwohl es gar nicht rutschig war?

Das ist klassische Konditionierung.

Dann gibt es noch die vier Teile der operanten (oder instrumentellen) Konditionierung. Im Unterschied zur klassischen Konditionierung kommt jetzt Verhalten mit ins Spiel.

1. positive Verstärkung: Positiv bedeutet hier „hinzufügen“ (wie im Mathe-Unterricht in der Schule das +). Wir fügen also etwas hinzu.
   Verstärkung bedeutet, dass das Verhalten mehr werden soll.
   Zusammengesetzt: Wir fügen etwas hinzu, damit das Verhalten mehr wird. Die Emotion dahinter ist Freude.
   Beispiel: Du hast freiwillig eine besonders unbeliebte Aufgabe in der Arbeit übernommen und bekommst dafür eine schicke Bonuszahlung. Das nächste Mal, wenn so eine Aufgabe daherkommt, meldest du dich viel schneller freiwillig dafür. Die Bonuszahlung war eine positive Verstärkung für das Übernehmen der Aufgabe.
   Der Hund kommt auf dein Rufen angetrabt, du gibst ihm ein Leckerli und beim nächsten Rufen kommt er viel schneller angelaufen. Das Leckerli war die positive Verstärkung für das Herkommen.

2. negative Verstärkung: Negativ bedeutet hier „entfernen“ (im Mathe-Unterricht das –). Wir nehmen also etwas weg. Ver-

stärkung bedeutet immer noch, dass Verhalten mehr wird. Damit das Verhalten mehr wird, obwohl wir etwas wegnehmen, muss das Weggenommene unangenehm sein. Die Emotion dahinter ist Erleichterung.

Beispiel: Du fliegst in Urlaub und beschließt, nur Handgepäck mitzunehmen. Vor dem Warten am Check-in graut dir schon. Es ist einfach unangenehm.

Am Flughafen angekommen, siehst du, dass es einen eigenen Schalter für Reisende mit Handgepäck gibt. Ohne Wartezeit. Ab sofort fliegst du nur noch mit Handgepäck.

Das Verhalten (für Handgepäck entscheiden) wurde negativ verstärkt, indem die unangenehme Konsequenz (am Schalter warten) entfernt wurde.

Dein Hund sieht einen anderen Hund, den er nicht leiden kann, schaut zu dir und du gehst mit ihm in eine andere Richtung.

Der Blick zu dir wurde durch das Weggehen (der andere Hund verschwindet) negativ verstärkt.

Wir sind mit diesem Teil der operanten Konditionierung vorsichtig, denn wir wollen den Hund nicht unnötig in unangenehme Situationen bringen, um trainieren zu können.

3. negative Strafe: „Negativ“ ist wieder das Minuszeichen. Strafe bedeutet, das Verhalten wird weniger (Gegenteil von Verstärkung).

   Wir nehmen also etwas weg, damit das Verhalten weniger wird. Das Weggenommene muss also etwas sein, das der Hund gerne mag. Die Emotion dahinter ist Frust.

   Beispiel: Du hast deinen Kumpel angelogen, deshalb redet er jetzt nicht mehr mit dir. Du wirst ab sofort immer ehrlich mit ihm sein.

   Dein Verhalten (Lügen) wurde durch negative Strafe (kein Kontakt mehr) weniger.

   Dein Hund buddelt im Garten, du rufst ihn ins Haus und machst die Tür zu. Er buddelt nicht mehr an dieser Stelle.

   Das Verhalten (Buddeln an dieser Stelle) wurde durch negative Strafe (Gartenzeit beendet) weniger.

   In diesem Teil der operanten Konditionierung liegen die meisten unserer Verhaltensunterbrecher. Damit der Frust nicht überschießt (je nach Hund ist die Gefahr größer oder kleiner), kann die Alternative besser sein.

   Der Umgang mit Verhaltensunterbrechern ist allerdings nicht ganz einfach und im Zweifel hilft dir ein Profi.

4. positive Strafe: „Positiv“ ist wieder das Pluszeichen. Strafe soll Verhalten verringern.

   Wir machen also etwas, damit das Verhalten weniger wird. Damit das klappt, muss unsere Konsequenz unangenehm sein. Die Emotion dahinter ist Schmerz, Unwohlsein oder Angst.

   Beispiel: Du sagst einem Kunden deine Meinung und wirst daraufhin entlassen. Im nächsten Job sagst du keinem Kunden mehr deine Meinung.

   Dein Verhalten (die Meinung sagen) wurde durch positive Strafe (Kündigung) weniger.

Dein Hund bellt den Briefträger an, du rempelst ihn an und beim nächsten Mal bellt er nicht mehr.
Diesen Teil der operanten Konditionierung verwenden wir im bedürfnisorientierten / positiven Training nicht. Das Training mit positiver Strafe hat keine Vorteile.
Dagegen gibt es eine Vielzahl an unerwünschten Nebeneffekten, die zu gesteigerter und unvorhersehbarer Aggression führen können.

Du siehst also, auch wenn wir kein Futter verwenden, konditionieren wir. Sogar die Umwelt konditioniert uns und unsere Hunde. Es ist ein ganz normaler, natürlicher Vorgang bei jedem Lebewesen. So ist auch jeder strenge Blick, sofern er etwas im Verhalten verändert, eine Konditionierung. Jedes Mal, wenn sich der Mensch vor den Hund stellt, damit dieser nicht an ihm vorbeiläuft, wird konditioniert. Jedes Mal, wenn der Hund von der Decke aufsteht und „körpersprachlich“ (also durch frontales Bedrängen) auf die Decke zurückgeschickt wird, bis er nicht mehr aufsteht, wird konditioniert.

Wenn dir also ein Trainer weismachen will, er konditioniere nicht, ist das schlicht gelogen. Wer trainiert, konditioniert. Ganz automatisch.

Außer natürlich, es gibt da draußen jemanden, der rein über Nachahmungslernen arbeitet. Das würde dann so aussehen, dass der Mensch dem Hund jede Handlung vormacht und der Hund macht sie nach. Ansonsten wird der Hund in seinem Tun nicht beeinflusst.
Das klingt sehr utopisch.

Mythos: „Alle Hunde brauchen körperliche Auslastung in Form von knackigen, mehrstündigen Spaziergängen“

Dieser Mythos verschwindet glücklicherweise langsam.

Zwar brauchen unsere Hunde Bewegung (Übergewicht ist massiv gesundheitsschädlich!). Wie viel und welche, hängt allerdings vom individuellen Hund ab und ist keinesfalls ein stundenlanger Spaziergang im Stechschritt bei Fuß und ohne Schnüffeln.

Manche Hunde brauchen für ihr Wohlbefinden die Gelegenheit, mal so richtig Gas zu geben. Andere brauchen Strecken, wo sie sich einfach wegschnüffeln können.

Alle profitieren von langsamen Koordinationsübungen, wobei wir hier auch individuell schauen müssen, welche Übungen (ein Baumstamm mit 50 cm Umfang ist anders intensiv als eine Wackelbrücke), wie lange und wie oft für den jeweiligen Hund passend ist.

Das hängt sowohl vom Alter, der Jahreszeit (Achtung vor extremen Temperaturen und Bodenbeschaffenheiten) als auch von der körperlichen Befindlichkeit ab.

Mythos: „Hunde untereinander sind auch nicht zimperlich“

Mal abgesehen davon, dass Hunde untereinander sehr fein kommunizieren und das mitunter sehr lange, bevor sie „handgreiflich“ werden: Wir sind nun mal keine Hunde.

Wir können daher auch nicht komplett hündisch mit ihnen kommunizieren.

Sport mit Hund

Unsere Hunde sind immer an unserer Seite und das Angebot an hündischen Aktivitäten steigt stetig. Das finde ich grundsätzlich ganz gut, denn dann kann sich jeder raussuchen, was für sich und seinen Hund am besten passt.
Allerdings entwickelt sich seit einigen Jahren auch ein bedenklicher Trend zu sehr vollgestopften Terminkalendern, und der schwappt auch auf unsere Hunde über. Montag zum Dogdiving, Dienstag zum Agility, Mittwoch Mantrailing, Donnerstag Flyball, Freitag Hundezone und am Wochenende dann Wander- oder Radtouren.
Das ist zu viel.
Nicht nur für die starken Hunde, sondern ganz generell.
Je nachdem, ob dein Hund zu den Bequemen oder Sportlern gehört, kommst du vielleicht mehr oder weniger in Versuchung, zu viel zu unternehmen.
Manche Dinge sind allerdings so oder so einfach keine gute Idee.

Falls du jetzt befürchtest, ich streiche das Zergeln aus dem Programm, kann ich dich beruhigen. Ab und zu ein Zerrspiel, bei dem der Hund zieht und schüttelt, du einfach dagegenhältst, ist total in Ordnung (achte einfach darauf, dass dein Hund danach gut wieder entspannen kann und hilf gegebenenfalls mit einem kleinen Suchspiel nach).

Ich denke eher an Dinge wie angeleintes Radfahren. Es ist meiner Ansicht nach ein wunderbares Beispiel, wie schief „gut gemeint" gehen kann, vor allem im Sommer.
Selbst dort, wo es nicht verboten ist, hat ein Hund an der Leine keine Möglichkeit, natürliche hündische Bedürfnisse auszuleben. Außerdem hat er keinen Einfluss darauf, wie schnell er laufen will oder kann. Kommen dann noch hohe Temperaturen und eine kurze Nase hinzu, kann es schnell lebensgefährlich werden.
Genauso kritisch sehe ich Aktivitäten, bei denen der Körper extrem belastet wird oder hohe Ausschüttungen von Stresshormonen provoziert werden. Dazu gehören sehr schnelle Sportarten genauso wie das klassische Bällchenwerfen. Und ja, ein einziger Ballwurf oder ein kurzes Fußlaufen zum Spaß und nach ausreichendem Aufwärmen wird sehr wahrscheinlich keine Schäden verursachen. Meist bleibt es allerdings nicht bei einmal Werfen, das Aufwärmen wird dann doch mal vernachlässigt oder eine Seite deutlich länger beansprucht, und dann können wir Probleme bekommen (Verspannungen, Überforderung, Schmerzen …).
Meine Empfehlung geht daher klar zu den natürlichen Aktivitäten.
Du bist dir nicht sicher?
Schau dir an, ob sich dein Hund natürlich und möglichst ungehindert (eine Leine sollte kein Tempo erzwingen) bewegen und seine natürlichen Fähigkeiten nutzen kann.
Bei den meisten Hunden finden wir im Bereich der Nasenspiele irgendetwas, das Spaß macht. Auch Koordinationsübungen mit natürlichen Hindernissen und langsamem Tempo eignen sich gut.
Und sogar unter den Tricks finden sich viele Übungen, die körperlich absolut in Ordnung sind. Soll es ein Sport sein, ist vielleicht Hoopers, Scent Work oder Trail etwas für euch. Im Zweifel berät dich ein spezialisierter Tierarzt oder Physiotherapeut sicher gerne in Bezug auf die körperlichen Möglichkeiten und eine Verhaltensberaterin in Bezug auf die mentale Auslastung und die Auswirkungen auf das Verhalten.

Das heißt nicht, dass wir unsere MENSCHLICHE Körpersprache nicht bewusst einsetzen können, um die Kommunikation zu erleichtern, aber wir können uns nicht anmaßen, genauso fein zu kommunizieren wie die Hunde untereinander.

Zusätzlich sind mit dieser Aussage normalerweise Aggressionssequenzen gemeint. Ein Hund reagiert also mit Aggressionsverhalten auf ein Verhalten eines anderen Hundes (nochmal: Da passiert vorher schon ganz viel, das nichts mit Aggression zu tun hat).

Wir werden uns noch einige Beispiele ansehen, wo Hunde ins Aggressionsverhalten kippen, aber wir Menschen müssen nicht mit Aggressionsverhalten (Korrekturen) reagieren.

Wir bringen unsere Hunde in die Situationen, in denen sie „Fehlverhalten" zeigen. Also ist es in unserer Verantwortung, es entweder gar nicht erst so weit kommen zu lassen oder dann besonnener damit umzugehen.

✕ Mythos: „Das Problem liegt immer am anderen Ende der Leine"

Vorsicht mit dieser Aussage.
Wir Menschen sind oft sehr schnell mit dem Verurteilen anderer. Dabei wissen wir doch gar nicht, was hinter dem Verhalten des Hundes steckt, den wir da gerade beobachten.

Vielleicht hängt der schreiend in der Leine, weil er mal eine traumatische Erfahrung mit einer Begegnung machen musste.

Anstatt mit dem Finger zu zeigen und den Menschen dahinter zu beschuldigen, könnten wir doch auch helfen und rechtzeitig Abstand halten. Wir hätten es also vielleicht auch besser machen können (vielleicht auch nicht, je nachdem, ob es Anzeichen gab).

Vielleicht ist der Hund, der draußen wie von Sinnen buddelt, nicht etwa schlecht erzogen, sondern gerade erst aus dem Tierschutz eingezogen und Mensch und Hund sind noch vollkommen überwältigt von der neuen Situation.

Vielleicht hat der Hund einfach auch schon ein Verhalten mitgebracht, woran der Mensch mit vollem Herzblut trainiert, nur jetzt gerade klappt's eben nicht.

Wissen wir's?

Nein!

Und sind wir mal ehrlich …

Sind wir selbst wirklich so fehlerfrei und perfekt, dass wir über andere urteilen können?

Ich meine, nein. Was wäre also, wenn wir versuchen, uns bei den urteilenden Gedanken zu unterbrechen und sie durch etwas anderes ersetzen?

Für mich klappt besonders gut, mir etwas Schönes an dem Team herauszusuchen und mich darauf zu fokussieren. Hat der Hund besonders niedliche Ohren? Ist die Zeichnung besonders schön?

Mitgefühl zu empfinden klappt auch gut. Schlüpfen wir in die Schuhe des anderen Menschen. Wie würden wir uns fühlen, wenn unsere Hunde so drauf wären?

Und wenn wir dann noch ein kleines Lächeln hinbekommen, haben wir vielleicht jemandem den Tag ein bisschen besser gemacht.

Mythos: „Starke Hunde brauchen klare Führung, sonst übernehmen sie sie selbst“

Was hinter dieser Aussage meist steckt, ist die Angst, der Hund könnte Aggressionsverhalten (oft in Bezug auf Ressourcen oder an der Leine) zeigen.

Manchmal versteckt sie sich auch hinter ähnlichen Aussagen wie „der Hund darf an der Leine nicht vorne gehen, nicht zuerst durch die Tür gehen, zuerst essen, höher liegen“ oder Ähnliches.

Doch hier fehlt einerseits das Verständnis dafür, was eigentlich hinter dem Verhalten steckt und wie wir es nachhaltig verändern (dazu kommen wir im Laufe dieses Buches noch), andererseits wird „Führung“ mit „Unterdrückung“ gleichgesetzt. Vor allem in der Praxis.

Die Sache mit der Führung

Ich verwende das Label „Hundeführer“ nicht. Es lässt einfach automatisch einen Mann mit völlig gestresstem Schäferhund im Stechschritt über den Hundeplatz stapfend und Befehle keifend vor meinem inneren Auge erscheinen.

So gehe ich nicht mit meinem Hund um.

Es ist nicht zeitgemäß, nicht praktisch und alltagstauglich und macht auch keinen Spaß.

Selbstverständlich „führen“ oder begleiten wir unsere Hunde durch unsere menschliche Gesellschaft.

Es gibt Spielregeln, an die wir uns alle halten, und die unsere Hunde erst lernen müssen. Dabei ist egal, ob sie als Welpen zu uns kommen, die noch alles anknabbern und nicht verstehen, dass sie uns nicht die Kleider vom Leib rupfen dürfen, oder als erwachsene Tierschutzhunde, die sich plötzlich nicht mehr frei durch die Straßen bewegen dürfen, sondern durch Leinen und Zäune massiv eingeschränkt werden.

Führen heißt nicht ständig kommandieren und drangsalieren. Souveräne Führungspersönlichkeiten können ihrem Hund auch verantwortungsvoll Freiräume geben.

Grundsätzlich können wir aber sagen, dass unsere Hunde vollkommen von uns abhängig sind.
Wir entscheiden:

- Wann, was und ob überhaupt sie essen und trinken (Grundbedürfnisse!)
- Wann, ob und mit wem sie Sozialkontakt haben
- Wann, wo, wie lange und ob überhaupt sie schlafen
- Welche Aktivitäten wir machen
- Welche Hobbys sie ausleben dürfen
- Wann und wo sie sich lösen dürfen
- ...

Selbst im Knast haben wir Menschen mehr Entscheidungsfreiheit. Die Angst, unsere Hunde würden sofort die „Führung" oder Kontrolle über das ganze Leben übernehmen, wenn wir sie mal über den Weg bestimmen lassen, ist also völlig unbegründet.

Im Gegenteil.

Lassen wir unseren starken Hunden – besonders den Molossern und Herdenschutzhunden – ein wenig Entscheidungsfreiraum und geben ihnen so etwas Selbstbestimmtheit zurück, können wir oft viel Stress herausnehmen. Dieses Bedürfnis nach Freiheit liegt einfach in ihrer Natur. Zu viel Zwang und Einschränkung macht Druck und der macht (chronischen) Stress.

Allerdings müssen wir uns genau überlegen, wo, wann und wie wir diesen Freiraum ermöglichen können.

Was ist ein Marker?

Der Marker gibt dir im Training mehr Präzision. Vielleicht ist dir schon mal ein Clicker begegnet (ein kleines Kästchen mit Druckknopf, das ein Geräusch macht). Das ist eine Variante des Markers. Eine Alternative dazu ist das Markerwort. Ich nutze lieber das Wort, denn das kann ich nicht vergessen oder verlieren, und der Effekt ist annähernd gleich.

Das Markersignal ist eine reine Information an deinen Hund: „Das war richtig, du bekommst eine Belohnung." Du markierst damit also ein bestimmtes Verhalten, das dein Hund in dem Moment zeigt. Um die Belohnung zu bekommen, muss dein Hund nichts machen. Du kannst ihm einen Keks bringen / zuwerfen / geben, ihn etwas beobachten lassen (das kannst du ihm mit einem eigenen Signal nach dem Marker sagen), ihn zum gemeinsamen Laufen animieren, etwas spielen oder was auch immer dein Hund als Belohnung in der Situation gut findet.

Der Marker ist schnell aufgebaut:
Du sagst ein kurzes, einfaches Wort (zum Beispiel „jap") und gibst sofort ein Leckerli. Um hier wirklich schnell zu sein, kannst du das Futter (im Gegensatz zu anderen Signalen) schon in der Hand halten.

Das wiederholst du einige Male, bis du eine kleine Veränderung bei deinem Hund erkennst (meist ein Ohrenzucken oder auch eine kleine Kopfbewegung), sobald das Markersignal ertönt. Dann kannst du es schon im echten Leben verwenden und immer dann sagen, wenn dein Hund etwas toll macht.

Das verschafft dir auch den Riesenvorteil, dass du deinen Hund auch dann verstärken kannst, wenn er zwanzig Meter von dir entfernt ist und spontan zu dir schaut (der Keks wird in dem Fall dann geworfen oder zum Abholen angeboten).
Das Futter brauchst du nach dem ersten Aufbau nicht mehr in der Hand bereithalten, denn sobald dein Hund die Verknüpfung gemacht hat, hast du etwas mehr Zeit, um zum Keks zu greifen (ein Leckerlibeutel ist hierzu sehr praktisch).

Wir dürfen nicht vergessen, dass starke Hunde oft besonderen gesetzlichen Idiotien unterliegen. Manche von ihnen stehen auf Rasselisten (in jedem Land / Bundesland / Kanton unterschiedlich), manche dürfen in manche Länder gar nicht erst einreisen, und andere müssen in manchen Ländern um ihr Leben fürchten. Auch ohne jemals auffällig geworden zu sein!

Erkundige dich also unbedingt, welche Bestimmungen in deinem Wohngebiet für deinen Hund vorliegen.

Musst du Angaben über dein Grundstück und dessen Einfriedung (beispielsweise die Zaunhöhe) machen?

Musst du mehr Steuern zahlen? Musst du einen Wesenstest / Hundeführerschein / Sachkundenachweis oder Ähnliches machen?

Musst du einen Nachweis über eine bestimmte Versicherungssumme vorlegen?

Darf dein Hund nur mit Maulkorb und Leine unterwegs sein?

Wenn ja, gibt es Vorgaben zur Leinenlänge?

Kannst du ihn vom Maulkorbzwang befreien lassen?

Wenn du einen Hund aus dem Tierschutz adoptieren möchtest, darf der in dein Land einreisen und zwar genauso, wie er ist (manche Länder erlauben keine kupierten Hunde beispielsweise)?

Wie sehen diese Bestimmungen in deinem geplanten Urlaubsland aus?

Sei dir auch bewusst, dass diverse Bestimmungen meist auch für Mischlinge gelten, sofern ein Listenhund dabei ist und manchmal auch dann, wenn der Hund aussieht wie ein Listenhund.

Du wärst nicht der Erste, der darüber streiten muss, ob dein Hund ein Boxer oder AmStaff ist.

Ein DNA-Test muss nicht unbedingt zur Befreiung der Einschränkungen führen und vieles unterliegt Einzelfallentscheidungen.

Du merkst schon, warum ich an dieser Stelle keine Auflistung der Bestimmungen mache ... wir könnten damit Wände tapezieren und maximale Verwirrung stiften.

Frage am besten in deiner Gemeinde (in meiner Umgebung herrscht hier oft auch Ratlosigkeit durch die ständigen Änderungen und Grauzonen) oder bei einem Anwalt nach, der sich mit der Rechtslage in deinem Land / Bundesland gut auskennt.

Manche offiziellen Homepages der Länder / Bundesländer geben ebenfalls Auskunft und man kann sich dort auch an zuständige Stellen wenden.

Grundsätzlich gilt: Dein Hund darf sich selbst, dich und andere nicht gefährden oder belästigen und fremdes Eigentum nicht beschädigen oder zerstören.

Das ist für mich immer ein guter Leitsatz für ein harmonisches Miteinander, ganz abgesehen von den gesetzlichen Bestimmungen.

Ich lasse meine Vierbeiner also nicht an Häuserwände pinkeln (bei auffälligem Schnüffeln kann ich schon mit einer freudigen Aufforderung zum Weitergehen animieren, bevor das Bein hochgeht).

Auch Nachbars Vorgarten wird nicht umgegraben (das Markersignal an der Grenze und die Belohnung weg vom Vorgarten verhindern, dass der Hund überhaupt einen Fuß reinsetzt).

Und wenn mir jemand entgegenkommt, der beunruhigt auf den Hund schaut, weiche ich aus, auch wenn mein Hund die Begegnung ohne Ausweichen schaffen würde. Rücksicht nehmen eben. Und ja, ich weiß, diese Rücksicht bekommen wir nicht immer zurück, aber wir können andere Leute nicht ändern, nur einen guten Weg für uns finden und mit gutem Beispiel vorausgehen.

Du siehst, worauf ich hinausmöchte. All das schaffen unsere Hunde nicht von sich aus. Sie brauchen dazu unsere Anleitung.

Das ist Führung.

Führung ist auch, für unsere Hunde da zu sein, wenn sie sich erschrecken. Selbst dann, wenn für uns überhaupt kein Grund zur Furcht besteht.

Dein Hund möchte nicht in den engen, dunklen Weg einbiegen, wo Wasser von den Bäumen tropft? Er bleibt stehen und ist „stur"?

Führung bedeutet nicht, ihn da durchzuschleifen, immerhin hast du ja „das Sagen". Führung bedeutet, zu erkennen, dass für deinen Hund gerade etwas nicht passt und gemeinsam einen Weg zu finden.

Dieser gruselige oder unangenehme (das Tropfen auf dem Rücken) Weg ist die einzige Option oder alles andere würde deutlich länger dauern? Ok, wie kannst du es deinem Hund einfacher machen, da mitzukommen? Vielleicht lauft ihr schnell durch. Vielleicht bekommt dein Hund seinen Lieblingsball zum Tragen, denn damit fühlt er sich besser. Vielleicht kann dein Hund an einer Futtertube nuckeln, während ihr durchgeht.

Vielleicht gibt es aber auch einen anderen Weg.

Dann hat dein Hund nicht „gewonnen", sondern du hast dich als zuverlässiger Sozialpartner erwiesen.

Du kannst dir das so vorstellen: Du möchtest mit deinem besten Kumpel essen gehen. Du schlägst ein Restaurant vor und dein Kumpel lehnt ab. Er mag es nicht. Das Essen war nicht gut, das Personal unfreundlich, der Tisch zugig oder warum auch immer.

Fängst du jetzt Streit an oder nimmst du einfach ein anderes Restaurant und ihr habt einen tollen Abend?

Mindset – Die Energie-/Präsenz-Geschichte

Umgekehrt funktioniert das übrigens genauso. Dein Hund wird auch erkennen, wenn es dir nicht gut geht.

Starke Hunde – hier stechen die Terrier, Deutschen Doggen und die Herdenschutzhunde heraus – sind unglaublich sensibel auf die Stimmungen ihrer Menschen eingestellt.

Das bedeutet allerdings nicht, dass du an allem schuld bist, was dein Hund macht.

Oft wird behauptet, wenn der Hund nur bei der Bezugsperson ausrastet (beispielsweise an der Leine bei Begegnungen), sei das der „Schwäche" oder „falschen Energie" der Bezugsperson zuzuschreiben. Das ist meiner Erfahrung nach allerdings Quatsch.

Klar merkt dein Hund, wenn du dich unwohl fühlst oder Angst hast. Das nutzt er allerdings nicht aus, um „den Chef zu spielen", „die Situation zu kontrollieren" oder Ähnliches.

Ist er selbst nicht 100 % sicher, kann ein Ausraster daraus entstehen. Allerdings muss dein Hund dazu eben selbst nicht ganz souverän sein.

Viel öfter jedoch passieren die Ausraster zuerst und dann entwickelt sich eine Unsicherheit bei der Bezugsperson. Immerhin lernen wir Menschen ja auch, in welchen Situationen es richtig blöd für uns wird.

Die Ursache ist also nicht unsere Stimmung, sondern entweder, dass sich der Hund nur bei uns sicher genug fühlt, um seine Emotionen zu zeigen. Hat jemand anderes die Leine in der Hand, traut sich der Hund nicht.

Oder der Hund hat dich bei einer unangenehmen Situation im Kontext mitverknüpft. Konkret heißt das: Dein Hund geht davon aus, dass etwas Unangenehmes (etwa ein anderer Hund brettert in ihn hinein) nur passiert, wenn du dabei bist.

So eine Verknüpfung mit dem Kontext passiert unglaublich schnell und wir sehen uns im Kapitel mit den Hasenfüßen nochmal genau an, warum und wie so etwas passiert.

Für jetzt nur so viel: Du kannst es nicht immer verhindern. Es fällt in die Kategorie „dumm gelaufen".

Ist also das ganze „Energie-" und „Präsenz-Ding" nur ein Marketing-Gag? Nicht ganz.

Unsere Hunde sind unglaublich gute Beobachter. Sie nehmen winzig kleine Mikro-Bewegungen wahr. Mitunter unsere und auch dann, wenn sie uns selbst nicht auffallen. Genau das Phänomen sehen wir, wenn wir uns wundern, warum der Hund schon zur Tür schießt, obwohl wir erst den Gedanken hatten, spazieren zu gehen. Der Hund kann nicht hellsehen oder Gedanken lesen. Er kann *uns* lesen.

Genau dasselbe passiert, wenn Emotionen ins Spiel kommen.

Ein häufiges Beispiel sind Hunde, die sich nicht auf unbekannte Untergründe trauen.

Ich liebe Wandern und bin auch in einigen Wandergruppen auf Facebook. Eines der häufigsten Probleme auf Wanderungen mit dem Hund, die dort besprochen werden, sind unbekannte Untergründe. Nicht jede Wanderroute ist bis ins kleinste Detail beschrieben und es kann schnell passieren, dass man plötzlich vor einer Gittertreppe steht. Hat der Hund so etwas noch nie gesehen, kann das eine ziemliche Herausforderung darstellen. Jetzt passiert oft Folgendes:

Bezugsperson Nr. 1 denkt: „Oh shit, da geht mir der doch nie drüber."
Bezugsperson Nr. 2 denkt: „Aha, na wird schon klappen."

Welches Team, glaubst du, hat größere Chancen, das Hindernis easy zu bewältigen?

Natürlich hängt hier auch viel von der Persönlichkeit und körperlichen Konstitution des Hundes ab und auch die Bezugspersonen reagieren abhängig davon, wie ihre Vierbeiner in der Vergangenheit mit Hindernissen umgegangen sind. Aber haben unsere Hunde noch keine Erfahrung mit einer Situation gemacht und vertrauen uns grundsätzlich, sehen sie sich durchaus an, wie wir reagieren.

Bezugsperson Nr. 1 wird mit dem Gedankengang automatisch zögern und sich anders verhalten als Bezugsperson Nr. 2. Selbst dann, wenn beide Menschen stehen bleiben und die Stelle untersuchen. Also sich bewusst genau gleich verhalten.

Ihre Mikrobewegungen werden unterschiedlich sein und die Hunde merken das.

Auch das hat wieder nichts mit Durchsetzen oder „Chef sein" zu tun. Selbst wenn beide Bezugspersonen ihren Hunden Zeit geben, um sich die Sache anzusehen und ihre Reaktionen ernst nehmen. Sogar dann, wenn ein kurzes Training notwendig ist oder der Hund getragen werden muss. Es wird besser klappen, wenn wir Menschen uns sicher sind, dass wir ans Ziel kommen.

Das gilt übrigens für jedes Training.

Unser Unterbewusstsein macht 95 % unserer Gedanken aus und steuert daher auch den Hauptteil unserer Aktionen. Was glaubst du, wie schnell wir unser Training manipulieren, wenn wir eigentlich nicht an das glauben, was wir da machen, oder wenn es uns einfach nicht wichtig ist?

Wir fangen an, dem Hund unverständliche Signale zu geben (der Körper sagt etwas anderes als das Wort beispielsweise), werden ungenau im Timing, achten nicht auf die Umgebung und vieles mehr. Unsere Hunde merken das, kennen sich nicht mehr aus oder verlieren den Spaß an der Sache.

Auch hier nutzen sie also nicht unsere Schwäche aus, sondern sie verstehen einfach nicht, was wir wollen oder fühlen sich in der Situation unwohl oder die gebotene Motivation stimmt nicht.

Wir selbst können diese kleinen Veränderungen in unserer Körpersprache oft auf Videos im direkten Vergleich gut erkennen. Deshalb ist Video eines meiner liebsten Trainingshilfsmittel.

Wir müssen uns also Folgendes bewusst machen:

1. **Was wollen wir eigentlich erreichen = das Ziel**
   Hier brauchen wir eine klare, positive Definition (das Hirn versteht kein „nein" oder versuch dir mal, keinen rosa Elefanten vorzustellen), in einer messbaren Größe und einer realistischen Zeit.
   „Mein Hund soll in drei Monaten in unserer Wohnumgebung in fünf Metern Abstand sitzen können, während ein Radfahrer vorbeifährt." Kann ein schönes Ziel sein, wenn dein Hund jetzt bei 15 Metern Abstand noch in die Leine springt.

2. **Wo steht ihr jetzt = der Start**
   Der Ausraster beim Radfahrer auf 15 Metern Entfernung im Wohngebiet wäre der Start.

3. **Wie kommen wir dorthin = der Plan**
   Genauso funktioniert auch ein Navi. Mit gutem Grund. Du kannst mit dem schnellsten Auto losfahren und ohne Ziel oder Weg (Plan) wirst du einfach irgendwann mit leerem Tank liegen bleiben.
   Du kannst auch ein klares Ziel haben, aber ohne einen vernünftigen Plan wirst du entweder irgendwo in einer Baustelle hängen bleiben, in einen See fahren oder bestenfalls nach stundenlangen Umwegen völlig entnervt ankommen.
   Willst du mit deinem Hund also etwas erreichen, ist ein vernünftiger Plan der schnellste Weg.

Dieser Plan entwickelt sich dann mit dir und deinem Hund. Manchmal werdet ihr im Training draufkommen, dass irgendwas in der Theorie besser klappt als in der Praxis und kleine Veränderungen vornehmen. (In der Verhaltensberatung übernehmen den Teil natürlich wir Trainer.)

Ob du dein Ziel allerdings wirklich erreichen willst, liegt an dir. Niemand (Gesetze mal außen vor) kann dir vorschreiben, was dir wichtig sein muss. Sei einfach ehrlich mit dir und deinem Hund.

Du lebst auf einem Hof in Einzellage, dein Hund läuft immer frei und du trainierst zwar den Rückruf, hast aber überhaupt keine Lust auf Leinenführigkeit? Ok, dann ist das eben so.

Zwar ist Training auch eine schöne Beschäftigung für euch zusammen, aber dazu muss es Spaß machen. Alternativen findest du weiter hinten.

Eine kleine Warnung möchte ich an dieser Stelle allerdings aus eigener Erfahrung noch weitergeben: Lass den Ehrgeiz weg. Leb ihn lieber an anderer Stelle (das Fitnessstudio eignet sich super) aus.

Im Hundetraining hat Ehrgeiz wenig Platz, denn er macht Druck und nimmt den Spaß für beide Seiten.

Starke Hunde ganz klein

Keine Sorge, die Übungen in diesem Kapitel sind auch wunderbar für ältere Hunde geeignet. Wenn du mit deinem Vierbeiner also über die Kinderstube schon hinaus bist, findest du hier ziemlich sicher trotzdem praktische Übungen, und vielleicht werden sogar einige Besonderheiten deines Hundes klar, die sich bereits im Welpenalter gefestigt haben.

Bereitest du dich gerade auf den Einzug deines Welpen vor, kannst du dir schon kleine Rituale überlegen, die du gut in deinen Alltag integrieren kannst, um das Ankommen zu erleichtern.

Hierzu eignen sich am besten natürlich hündische Dinge wie Schnüffeln, Kauen und Schlecken, aber auch bestimmte Ruhe-, Ess- und Toilettenzeiten (die müssen nicht auf die Sekunde genau eingehalten werden, nur ungefähr die Tageszeit).

Besonders Spiele wie Schnüffelboxen, Schnüffelteppiche, gefüllte Futterspielzeuge oder die therapeutische Futtersuche (eine genaue Anleitung findest du weiter hinten bei den Beschäftigungen) eignen sich wunderbar für kleine und große Vierbeiner.

Kannst du dazu noch etwas mitnehmen, das nach dem bisherigen Zuhause riecht, machst du deinem Welpen die Eingewöhnung noch ein bisschen leichter.

Hast du deinen Hund als Welpe bei dir aufgenommen, ist kaum zu glauben, dass aus diesem kleinen, unschuldigen Fellknäuel mal ein großer, starker Hund wird. Wie alle Welpen sind auch die Hunde starker Rassen als Babys unbeholfen, neugierig und extrem verspielt. Dennoch erkennen wir schon im zarten Alter von ein paar Wochen die ersten Besonderheiten, und schon jetzt kommen oft von überall her Ratschläge, die zum Teil vollkommen gegen die eigene Intuition gehen.

Nicht selten erleben Welpeneltern mit sogenannten Listenhunden, dass nach der Rassefrage eine plötzliche Angst in das Gesicht anderer Hundeeltern schießt, die dann schnell den gerade noch fröhlich spielenden eigenen Welpen von der „gefährlichen Bestie“ wegziehen.

Du merkst also sicher schon früh, dass du als Mensch mit starkem Hund ein extra dickes Fell brauchst und auch vieles, was man dir so sagt, einfach lächelnd ignorieren kannst.

Umso mehr Freude macht es, auf die Liebhaber starker Hunde zu treffen, die neugierig zuhören, wenn du ihnen von deinem Hund erzählst.

So wirst du möglicherweise auch zum Botschafter für starke Hunde und die Mythen verschwinden langsam.

Erst vor Kurzem ist mir wieder die Aussage begegnet, Staffordshire Bullterrier & Co. seien einfach dominant, da müsse man schon wissen, was man sich ins Haus holt. Mit „Dominanz“ war in diesem Zusammenhang gemeint, dass ein einzelner Hund in seiner Unsicherheit einem anderen Hund gedroht hat (völlig normales hündisches Verhalten).

Bewusst oder unbewusst wurde hier vollkommen die emotionale Lage des Hundes verkannt. So ein Missverständnis führt nicht selten dazu, dass zu sehr groben Maßnahmen gegriffen wird, welche das ursächliche Problem verschlimmern.

Im Laufe dieses Buches werden wir uns diese Emotionen genauer ansehen und uns mit Wegen befassen, wie wir im Training mit ihnen umgehen können, um unseren Hunden eine sichere Stütze zu sein.

Es gibt allerdings durchaus Besonderheiten, die nichts mit Ammenmärchen zu tun haben, sondern auf Fakten beruhen.

Für die ganz großen, starken Hunde kann es schwierig sein, Artgenossen zu finden, die ihnen körperlich im Spiel gewachsen sind. Zwar lernen Welpen schnell, wie sie mit schwächeren Welpen umgehen müssen, damit beide Spaß haben können. Dieser Lernprozess muss allerdings gut begleitet werden, damit beide Welpen gute Erfahrungen machen können.

Wird ein Hund später mal groß, wirkt er als Welpe oft tollpatschiger und als müsste er in die schlabberige Haut erst reinwachsen.

Große Welpen sind oft langsamer und unsicherer mit unbekannten oder wackeligen Untergründen. Ihren Körper einzuschätzen und zu koordinieren, fällt ihnen schwerer als den kleineren Artgenossen (die Ausnahme bilden hier zum Beispiel die starken Terrier, denn sie werden nicht so groß und kommen koordinativ meist deutlich besser zurecht).

Wie tollpatschig sich ein Welpe zeigt, ist dabei sehr individuell, und manchmal liegt diese körperliche Unbeholfenheit auch in medizinischen Ursachen begründet. Deshalb lasse ich Hunde, die rassebedingt eine hohe Wahrscheinlichkeit für bestimmte Krankheiten (zum Beispiel Hüftgelenksdysplasie) haben, gerne so früh wie möglich untersuchen. Denn eine Früherkennung führt meist zu besseren Behandlungsmöglichkeiten und die Kosten sind geringer.

Eine spezialisierte Tierärztin berät dich gerne.

Natürlich wird dein Welpe nicht nur mit anderen Hunden spielen, sondern auch mit dir. Zwar verleiten die kleinen Fellkugeln sehr schnell zum Raufen, aber Achtung: Starke Hunde sind meist körperlich unsensibler, Grobheit mögen sie allerdings trotzdem nicht. Vor allem Herdenschutzhunde reagieren meist höchst empfindlich auf grobes Handling und das Spiel kippt.

Wir Menschen müssen also, sofern wir mit unseren Händen spielen, ebenfalls lernen, unsere Kraft zu zügeln.

Spätestens, wenn dein Hund hektischer wird, fester zubeißt oder verrückte fünf Minuten bekommt, war es eindeutig zu viel.

Doch auch früher erkennen wir schon in der Körpersprache, dass wir einen Gang zurückschalten sollten. Senkt sich die Rute? Verändert sich der Blick (vergrößern sich die Augen oder sehen wir mehr Blinzeln beispielsweise)? Bilden sich Falten im Gesicht? Verändert sich der Mund (locker offen mit hängender Zunge wird vielleicht gespannt geschlossen)? Werden die Bewegungen zackiger?

Wenn du mit einem Spielzeug mit deinem Welpen spielst, versucht er es vielleicht wegzutragen? Lass das auf jeden Fall zu.

Ansonsten kannst du dir auch viel von souveränen erwachsenen Hunden abschauen, die gerne mit Welpen spielen. Sie sind super sanft, legen sich auf den Rücken, schließen den Mund nicht um den Welpen, halten Spielzeuge fest und lassen den Welpen dran ziehen und so weiter.

Auch der Spielstil von starken Hunden ist oft statischer und manchmal auch gröber. Sie sind eher für Rangelspiele als für Laufspiele zu begeistern (auch hier gibt es Ausnahmen) und müssen dabei lernen, dass ihre Spielkameraden eventuell sensibler reagieren als sie selbst.

Bemerkst du also, dass dein Welpe zu grob oder unbeholfen mit einem Artgenossen wird, biete ihm eine Alternative an (zum Beispiel ein Suchspiel), um eine Pause zu machen.

Das heißt jedoch nicht, dass starke Hunde unsensibel sind, wie wir noch sehen werden. Ihre Sensibilität bezieht sich eben eher auf ihre Psyche als auf ihren Körper, und natürlich gibt es in jeder Gruppe, jeder Rasse und jedem Wurf besonders sensible Hunde.

Wir haben also die einmalige Gelegenheit, unsere Welpen ganz individuell kennenzulernen und uns von ihnen zeigen zu lassen, was sie mögen, was nicht, was ihnen Angst macht und woran sie besonders viel Freude haben.

Eine weitere Besonderheit vieler starker Hunde ist ihre hohe Reizschwelle und langsameren Reaktionen. Auch das hängt mit der geringeren körperlichen Sensibilität und den ursprünglichen Zuchtzielen zusammen.

Von ihnen wurde ursprünglich erwartet, dass sie eine Situation genau einschätzen und bewerten, anstatt kopflos drauflos zu rennen.

Eine kleine Ausnahme sind hierbei wieder die Terrier, Boxer und Co. Sie sollten schneller reagieren, sind körperlich kleiner und wendiger und auch deutlich reizempfänglicher als ihre bulligeren Artgenossen.

Tool Time – Erstausstattung für kleine Entdecker

Damit sich dein Welpe rundum wohlfühlen wird und ihr eure gemeinsamen Abenteuer sicher bestreiten könnt, braucht ihr ein paar Gadgets.

Bettchen, Näpfe, Spielzeug

Ich bin sehr praktisch veranlagt und empfehle daher, das Bettchen gleich in Endgröße des Hundes zu kaufen. Dein Knirps sollte sich also voll ausgewachsen komplett ausstrecken können.

Zwar ist es trotzdem möglich, dass sich im Laufe der Zeit besondere Vorlieben bei deinem Hund bemerkbar machen (manche Hunde mögen lieber Betten mit Rand, manche lieber Höhlen, manche lieber flachere Modelle, andere lieber die superkuschelige Variante und so weiter) oder das Bettchen geht kaputt, aber das kann euch ohnehin passieren.

Vorlieben ändern sich nun mal auch im Laufe eines Hundelebens, und manche Hunde wechseln auch über die Zeit auf ein orthopädisches Bettchen.

Nimmst du also gleich ein ausreichend großes Modell, ist die Chance groß, dass ihr es länger nutzen könnt.

Mag dein Welpe gerne Höhlen, kannst du auch eine offene Box zur Verfügung stellen (geschlossene Boxen sind tierschutzrelevant und maximal im Auto zu empfehlen, keinesfalls im Haus, auch nachts nicht).

Nachts merkst du am besten, dass dein Welpe raus muss (bis er stubenrein ist), wenn er bei dir im Bett schläft. Die meisten Welpen schlafen dann auch ruhiger und fester. Weitere Tipps zur Stubenreinheit kommen gleich noch.

Bei großen Hunden ist das Schlafen im Bett allerdings eventuell später keine Option mehr, und dann sollte sich auch dein Welpe lieber an ein Bettchen neben dem Bett gewöhnen. Gleiches gilt auch für die Couch.

Möchtest du, dass dein Hund später etwas nicht macht, darf er das auch als Welpe nicht. Die Alternativen kannst du ihm, im wahrsten Sinne des Wortes, schmackhaft machen.

So gebe ich gerne Kauartikel oder Futterbeschäftigung an immer derselben Stelle (zum Beispiel ein Körbchen an einem passenden Platz), und meine Hunde lernen, dass dieser Ort super für ruhige Beschäftigung geeignet ist. Kuscheln wir dann auch an diesem Platz, wird er umso mehr mit Entspannung verknüpft, und die Hunde suchen ihn auch sehr wahrscheinlich von sich aus auf. Dein Hund hat also seine ganz persönliche Ruhezone bekommen.

Klappt das nicht, könnte der Ort für deinen Welpen nicht so angenehm sein (Zugluft, liegt lieber härter / weicher, zu warm / kalt, im Durchgangsbereich und dadurch unruhig, zu weit weg von dir und so weiter). Dann kannst du einfach einen anderen Platz probieren.

Bei den Näpfen mag ich am liebsten Keramik, weil sie schwerer sind, dadurch weniger rutschen und nicht scheppern, nicht spiegeln (manche Hunde fürchten sich davor) und nach dem Waschen nicht zu stinken beginnen (ja, ich habe eine empfindliche Nase … was sollen da erst die Hunde sagen).

Das ist allerdings sehr individuell. Nimm, was für dich und deinen Hund am besten passt.

Wird dein Hund sehr groß, kann ein kleines Podest praktisch sein, damit dein Hund bequem essen und trinken kann (besonders im Alter).

Badet dein Welpe gern im Napf, ist so ein Gestell ebenfalls praktisch.

Für Hunde mit hängenden Lefzen eignet sich außerdem ein Badetuch als Napfunterlage, und dein Hund kann lernen, das Kinn auf ein Handtuch zum Abtrocknen abzulegen, wenn dich das Sabbern stört (manche Hunde lernen auch sehr schnell, nach dem Trinken selbstständig auf einem kleinen Hocker kurz ein Handtuch anzustupsen).

Gimli zeigt, wie so ein Kinntarget am Schluss aussieht.

So kannst du ein Kinntarget trainieren

Start:

Dein Hund steht/sitzt/liegt im 90°-Winkel vor dir. Du hast ein Tuch in der Hand (damit wird das Signal einfach von der Hand zu anderen Oberflächen übertragbar) und Kekse vorbereitet.

Ziel:

Dein Hund legt auf Signal das Kinn auf dem Tuch ab und bleibt dort, bis er freigegeben wird oder er die Situation abbrechen möchte (z. B. bei Pflegehandlungen oder Behandlungen, dazu kommen wir noch).

Trainingsschritte:

1. *Locke die Nase in Position (halte das Keks vor die Nase und ziehe sie nach vorne/unten). Marker und belohne bei Berührung.*
2. *Locke die Nase in Position, bis das Kinn auf dem Tuch liegt => Marker + Belohnung.*
3. *Locke die Nase ohne Futter in Position => Marker + Belohnung.*
4. *Gib vor dem Locken ein Signal (z. B. „Chin") und biete erst dann die Hand mit dem Tuch an => Marker + Belohnung.*
5. *Lass die Lockhand weg. Signal => biete Hand und Tuch an => Kinn liegt => Marker + Belohnung.*
6. *Lass deinen Hund eine Sekunde in Position bleiben, bevor du markerst und belohnst.*
7. *Verlängere die Dauer.*

   ***Tipp:** Wann immer wir die Dauer verlängern, bauen wir zwischendurch immer kürzere Wiederholungen ein, damit die Motivation hoch bleibt und dein Hund das Gefühl behält, die Übung leicht zu schaffen (das gilt für alle Trainings). Wir steigern die Dauer also nie linear.*

8. *Nimm Ablenkung dazu.*

   ***Tipp:** Überleg dir am besten vorher, welche Ablenkungen dein Hund schwieriger findet und welche leichter. Ist die vorbeilaufende Katze eine 10 oder eher eine 2? Starte unbedingt mit den einfachsten Ablenkungen und bleib so lange dabei, bis du darauf wetten würdest, dass dein Hund sie schafft. Auch das gilt für jedes Training.*

   ***Wichtig:** Kannst du den Kopf bewegen, während das Kinn in der Hand liegt, kannst du vorsichtig den Nacken deines Hundes strecken (Kinn nach vorne bewegen). Ganz langsam! Damit kannst du zusätzlich für Entspannung sorgen.*

Remember me

Belohnst du aus einer Dose, stelle sie so zwischen dich und deine Target-Hand, dass dein Hund auf die Dose zukommt. Das erleichtert das Training.
Das Kinntarget ist manchen Hunden unangenehm, vor allem, wenn sie an Hautreizungen am Kinn leiden. In dem Fall kannst du trainieren, dass dein Hund den Kopf so auflegt, dass die betroffene Stelle freibleibt, oder dass das Kinn nur über der Hand schwebt (gib den Marker einfach früher).
Möchtest du, dass dein Hund das Kinn immer in die Hand legt, wenn du die Hand so präsentierst, kannst du übrigens das Wortsignal weglassen.

Natürlich brauchen unsere Welpen neben Training auch etwas zum Spielen.

Das mit Abstand beste Spielzeug ist befüllbares Futterspielzeug aus Kautschuk.

Es ist vergleichsweise stabil und dient als natürliche Beschäftigung, denn Hunde verbringen in der Natur einen Teil des Tages mit dem Zusammensuchen von Futter.

Außerdem oft sehr beliebt sind Stofftiere und Seile, wobei wir dabei immer darauf achten müssen, dass unsere Welpen nichts verschlucken.

Zerreißen ist allerdings ein natürlich hündisches Verhalten und bei den eigenen Sachen erlaubt (bietet gleich eine gute Alternative zu den leckeren Menschenschuhen). Ist das Spielzeug einmal kaputt, müssen wir es nicht unbedingt wegwerfen (sofern keine verschluckbaren Teile zugänglich sind). Oft macht ein komplett zerfetzter Stoffball immer noch genauso viel Spaß wie ein brandneuer.

Typisch Hund eben.

Und damit Spielzeug immer wieder spannend wird, kannst du es in zwei Gruppen unterteilen und deinem Hund immer die Spielies einer Gruppe zur Verfügung stellen. Nach ein oder zwei Monaten tauschst du dann die Gruppen.

Bewahrst du die Spielies, die gerade nicht herumliegen, zudem in einer Box mit Kauartikeln oder Leckerli auf, riechen sie besonders spannend, sobald du sie wieder einwechselst.

Belohnungen

Bei der Belohnung dürfen wir nie vergessen, dass unsere Hunde darüber entscheiden, ob etwas eine Belohnung ist.

Ein Hund, dem übel ist, wird das beste Würstchen ekelhaft finden, auch wenn es von uns noch so nett gemeint ist.

So verhält es sich auch, wenn wir Menschen Streicheln als Belohnung einsetzen wollen. Unsere Hunde finden das draußen und in schwierigen Situationen meist höchst unangenehm.

Eine Belohnungsliste, für die du in Ruhe verschiedene Belohnungen mit deinem Hund testest, kann dir erste Vorlieben aufzeigen.

Die Wertigkeit der jeweiligen Belohnung (also wie gerne dein Hund diese hat) ist allerdings abhängig vom Stresspegel, der Motivation und der Tagesverfassung deines Hundes. Es ist wie bei uns. Wir haben auch manchmal Lust auf Schokokuchen, und manchmal möchten wir nichts lieber, als mit einem eiskalten Getränk vor dem Fernseher auf ein Sofa fallen.

Da Futter ein Grundbedürfnis ist und für uns am einfachsten zu verwenden, können wir damit starten und uns im Laufe des Trainings an verschiedene andere Belohnungen wagen, sobald wir uns sicher fühlen.

Und keine Sorge, damit dein Hund nicht zu dick wird, ziehst du die Futterbelohnungen natürlich von den Mahlzeiten ab.

Du kannst deinen Hund nicht nur mit Spiel, sondern auch mit der Umwelt und – am einfachsten – mit Futter belohnen.

Dazu eignet sich wunderbar der Fleischanteil des normalen Futters (bei frischen Mahlzeiten) oder ein Teil der normalen Dose, zum Beispiel verbacken oder einfach so gegeben. Im Internet finden sich zahlreiche Rezepte für verschiedene Leckerli mit und ohne Dosenfutter.

Bei großen Leckerlibeuteln passt auch eine 400-g-Dose mit Plastiklöffel wunderbar rein, sodass deine Hände sabberfrei bleiben. Auch gekochtes Fleisch, Gemüse oder kleine Mengen an Trockenfleisch / Fisch, Obst, Wurst und Käse (laktosefrei) werden oft gern genommen.

Training mit Futter trotzt seit Jahrhunderten verschiedensten Modeerscheinungen und diversem Gegenwind.

Warum?

Weil es funktioniert.

Und zwar effektiver, schneller und präziser als jede andere Trainingsform. Futter ist ein natürlicher Motivator für unsere Hunde.

Außerdem ist es für uns sehr einfach zu verwenden (im Gegensatz zu anderen Belohnungen) und wir können sehr schnell viele Wiederholungen machen. Das wiederum bringt uns schnell an unser Trainingsziel.

Vergleichen wir mit Spiel, dauert eine Futterbelohnung aus der Hand einfach weniger lange. Wir können allerdings länger dauernde Belohnungssequenzen kreieren, wenn wir das brauchen. Merken wir beispielsweise, dass unsere Hunde beim Üben zu aufgeregt werden, können wir mehrere Kekse streuen, sie einsammeln lassen und so haben wir eine länger dauernde Belohnung, die noch dazu beruhigend wirkt.

Wollen wir allerdings, dass unsere Hunde schnell ein neues Verhalten verstehen, brauchen wir schnell viele Wiederholungen.

So können wir beispielsweise innerhalb weniger Minuten 20, 30 oder mehr Handtargets (dazu kommen wir gleich) üben und jedes Mal ein Keks aus der Hand geben.

Als Vergleich kannst du dich an deine letzte Sportart erinnern, die du neu gelernt hast (wie oft hast du den Schuss aufs Tor, den Jab oder den Pflug geübt?). Oder wenn du zu den Zockern gehörst, wie oft bist du beim Endboss angelaufen, bis er endlich gelegen hat?

Practice makes perfect.

Allerdings nicht, wenn zwischen den Wiederholungen zu viel Zeit vergeht.

Ein weiterer Vorteil von Futter ist, dass es meistens nicht so extrem aufdreht wie Spiel.

Eine Ausnahme bilden hier Hunde, die eine Geschichte mit Hunger haben. Doch auch mit ihnen können wir beispielsweise knapp nach einer Mahlzeit trainieren oder besonders häufig belohnen, um die Aufregung gering zu halten.

Vielleicht fragst du dich jetzt, warum du überhaupt belohnen solltest.

Es ist ganz einfach: Verhalten, das sich nicht lohnt, wird nicht mehr gezeigt. Das gilt nicht nur für Hunde, sondern für jedes Lebewesen. Warum sollte jemand wertvolle Energie verschwenden, wenn ohnehin nichts dabei rauskommt?

Und nein, ein Lob reicht im Normalfall nicht.

Stell dir vor, du kommst eines Tages zur Arbeit und dein Chef offenbart dir, dass es ab jetzt nur noch ein Lob und ab und zu Torte für die Schufterei gibt.

Würdest du brav jeden Tag mit derselben Motivation dort antanzen?

Zwar gibt es Jobs (meiner gehört definitiv dazu), die sich auf andere Weise lohnen als finanziell, dennoch müssen wir Rechnungen zahlen und die Motivation, für Geld zu arbeiten, ist dann doch eine andere.

Für unsere Hunde ist es ähnlich.

Klar ist es schön, wenn wir Menschen uns freuen. Doch wenn es eigentlich Spannenderes gäbe, als auf den Rückruf zu reagieren, stinkt das Lob einfach ab.

Noch deutlicher sehen wir diese Tatsache, wenn es um Momente geht, in denen unsere Hunde Angst haben oder mit Aggression reagieren würden.

Dein Hund will den Postboten vermöbeln, weil der jeden Tag versucht, bei euch einzubrechen (aus Hundesicht). Du möchtest, dass er still ist (den Postboten also einbrechen lässt) und lobst ihn nett dafür.

Das wird nicht funktionieren. Die Gefahr ist zu groß.

Hast du aber vorab schon oft geübt, dass dein Hund neben dir belohnt wird (in verschiedenen Situationen), fragst das jetzt ab, verhinderst zusätzlich durch eine Leine, dass er an die Tür brettert, und dann gibt es für das Dableiben in der Situation nochmal was richtig Gutes, hast du gute Chancen. Dabei sieht dein Hund dann, dass der Typ gar nicht wirklich einbricht und auch ohne Attacke wieder geht, und über die Zeit kann Entspannung einkehren.

Steckst du diese Belohnung jetzt einfach in die Jackentasche oder im Sommer in die Hose, wird deine Kleidung nicht nur innerhalb kürzester Zeit eher mäßig appetitlich werden, die kleinen Stückchen da rauszufummeln dauert auch viel zu lange, um wirklich effektiv trainieren zu können. Immerhin wollen wir ja präzise Verhalten kreieren und uns nicht nur einschleimen (Training ist ein Handwerk … wir schneiden eine Sesselleiste ja auch nicht bei ungefähr 12 cm +/− 5).

Wir brauchen also für unser Werkzeug (die Belohnung) das Pendant zum Werkzeuggürtel: die Futtertasche.

Die gibt es in allen Formen, Farben und Größen. Du kannst dir also aussuchen, was am besten zu dir und deinen Trainingszielen passt.

Ich bin gerne auf alles Mögliche vorbereitet und habe in meinem Utility-Belt neben Futter und Spielzeug noch eine kleine Schere, Taschentücher, Kotbeutel, Kugelschreiber und so weiter verstaut (praktisch eben, dafür größer).

Ich kenne dagegen auch Teams, die nicht so viel mitschleppen wollen und die gerne eine Tasche haben, die zum Outfit passt. Auch das ist vollkommen ok.

Du musst dich damit wohlfühlen und gut damit zurechtkommen.

Möchtest du mit der Umwelt belohnen, bieten sich die hündischen Hobbys an.

Nun haben wir ja schon von unterschiedlichen Belohnungen, Motivation in einer Situation und Bedürfnissen gehört.

Die Idee dahinter ist, deinem Hund möglichst oft eine wirklich motivierende Belohnung anzubieten und damit bei ihm mehr Freude dafür auszulösen, was du gerne von ihm hättest. Die Signale (ob freiwillig oder von dir gewünscht) werden damit besonders zuverlässig.

Ein einfaches Beispiel wäre: Du merkst, dass dein Hund gerne an einer bestimmten Stelle schnüffeln möchte, aber durch die Leine und dein langsames Gehtempo daran gehindert wird. Perfekte Gelegenheit für dich, ihn kurz um einen Blick zu dir zu bitten (ein Aufmerksamkeitssignal findest du weiter hinten) und dann gemeinsam zu der interessanten Schnüffelstelle zu gehen: Du hast die perfekte Belohnung für den Blick zu dir gewählt.

Diese Belohnung wäre in einer Situation ohne interessante Schnüffelstelle dagegen viel weniger hochwertig.

Du siehst, die passende Belohnung ist immer situationsabhängig und natürlich eine Frage dessen, was dein Hund im Allgemeinen und gerade jetzt toll findet.

Um dafür ein Gefühl zu bekommen, kannst du einfach mal aufschreiben, was dein Hund so den ganzen Tag macht, wenn du ihn an nichts hinderst.

Das können Aktivitäten mit dir gemeinsam (zum Beispiel um die Wette laufen, Zergeln, Kekse suchen …) sein, aber auch Dinge, die er ganz allein macht (zum Beispiel Buddeln, Spaziergänger am Gartenzaun beobachten, Kacke fressen, Eichhörnchen jagen, sich wälzen, den Nachbarhund zum Spielen auffordern …).

Nicht alle dieser Hobbys wirst du fördern wollen. Die kannst du wieder von der Liste streichen und durch passende Alternativen ersetzen (statt Kacke zu fressen, könntest du ein Suchspiel mit Stinkekäse anbieten). Alternativen sind zwar meist nicht so attraktiv wie das ursprüngliche Hobby, aber wir nehmen ja auch ein schönes Haus, wenn wir nicht in einer Villa leben können.

Die unerwünschten Hobbys werden also so gut wie möglich ausgetauscht.

Mit dieser Liste kannst du jetzt loslegen.

Hast du schon ein Markersignal, das Futter aus der Hand ankündigt, kannst du ein neues Markersignal aufbauen, das mit unterschiedlichen Belohnungen verknüpft ist.

Der Aufbau funktioniert ähnlich.

Sobald du das neue Markerwort gesagt hast, bietest du eine neue Belohnung an. Machst du das mit vielen verschiedenen Belohnungen, wird dieses Markersignal quasi zum Überraschungspaket für deinen Hund.

Du kannst stattdessen (oder zusätzlich) auch für verschiedene Belohnungen jeweils ein eigenes Markersignal aufbauen. Das hat den Vorteil, dass sich dein Hund eventuell leichter darauf einlassen kann, wenn eine Situation mal schwierig ist.

Die hohe Kunst besteht dann darin, wirklich eine passende Belohnung zu „erraten". Lass dich nicht entmutigen, wenn dein Hund die Belohnung nicht annehmen möchte. Das ist einfach eine Information fürs nächste Mal, und vielleicht passt diese Belohnung auch einfach nur genau dieses eine Mal nicht.

Immerhin kann das auch mit Futter passieren, wenn deinem Hund gerade übel ist oder er zu aufgeregt zum Essen ist, zum Beispiel.

Wenn du dich an deine ersten sportlichen Erfolge als Kind erinnerst, stell dir vor, deine Mutter wäre nach deinem ersten Tor (oder bei der ersten Gürtelprüfung) aus den Zuschauerrängen zu dir gelaufen, hätte dir einen Schokoriegel in die Hand und einen dicken Schmatzer auf die Backe gedrückt.

Total tolles Gefühl, oder? Auch wenn sie es natürlich belohnend gemeint hätte.

Mit unterschiedlichen Belohnungen gewappnet kannst du nun alles trainieren, was du für deinen Hund brauchst.

Möchtest du ein bereits bekanntes Signal mit neuen Belohnungen aufpeppen, könnte es auch passieren, dass dich dein Hund nach dem neuen Marker erst mal verwirrt anschaut. Er erwartet nämlich Futter aus der Hand, denn das war bisher immer so.

Um ihm die Umstellung einfacher zu machen, kannst du die bekannte Übung mit der neuen Belohnung erst mal in einer ablenkungsarmen Umgebung (zum Beispiel im Garten) verbinden und / oder das Futterstückchen überreichen und dann die neue Belohnung anbieten.

Gassi-Zeug

Da unsere Welpen noch hin- und herlaufen werden wie in einer Pingpong-Maschine, brauchen wir jedenfalls ein gut sitzendes Brustgeschirr.

Das schont die Wirbelsäule – gerade im Wachstum – und verhindert negative Assoziationen mit der Umwelt durch Schmerz oder Atemnot.

Außerdem können wir lange Leinen (Schleppleinen) nur am Geschirr befestigen, da ansonsten das Verletzungsrisiko viel zu groß wäre. Deshalb bleibe ich ein Hundeleben lang beim Geschirr, sofern es keine gesundheitlichen oder angstbedingten Gründe gibt, die eine Verwendung unmöglich machen.

Ein gutes Brustgeschirr erkennst du daran, dass es an der Brust eine Y-Form hat (der Triple-Punkt – wo sich alle drei Riemen treffen – liegt genau auf dem Brustbein. Du kannst einfach fühlen, ob du harten Knochen darunter fühlst, dann liegt es richtig), hinter den Ellenbogen etwas Platz bietet (etwa zwei Finger beim Welpen), nirgends scheuert, nicht zu stark rechts und links verrutscht, der Bauchgurt (beziehungsweise beide beim Sicherheitsgeschirr) auf den Rippen liegt und es weich gepolstert ist.

Ein Ring an der Brust kann später praktisch werden, falls wir doppelt sichern müssen (mehr dazu besprechen wir weiter hinten).

Pflegehündin Lucy trägt ihr maßgeschneidertes Sicherheitsgeschirr.

Ich mache mir meine Geschirre mittlerweile selbst und empfehle am liebsten Maßanfertigungen, denn da sind auch kleine praktische Gimmicks wie die Schnalle am Hals (damit müssen wir nichts über den Kopf anziehen) möglich.

Calumi zeigt das Anziehen mit Schnalle am Hals trotz fürchterlicher Angst vor Geschirren.

Kennt dein Welpe so ein Geschirr noch nicht, ist das gleich die erste Übungsgelegenheit, die euch als Team zusammenschweißt und das hündische Selbstbewusstsein fördert.

Lass deinen Welpen das Geschirr anfangs erst mal ansehen (fürchtet er sich davor, leg es auf den Boden).

Jede Annäherung kannst du mit einem Markerwort (zum Beispiel „Yes!“) quittieren und ein Futterstückchen vom Geschirr wegkullern lassen.

Klappt das gut, kannst du spezifisch die Annäherung zur Halsöffnung des Geschirrs belohnen (ein Handtarget hilft dir dabei, die Anleitung kommt ein bisschen weiter hinten).

Gimli muss sich nicht fürchten und schafft auch ein Geschirr ohne Schnalle am Hals ganz easy.

Steckt dein Welpe den Kopf freiwillig und freudig durch die Halsöffnung, kommt ein kurzer Zwischenschritt.

Halte das Geschirr ein Stückchen entfernt von deinem Welpen und schließe eine Schnalle. Sobald das Klicken ertönt, bekommt dein Welpe wieder die Belohnung.

Ist dein Welpe sehr sensibel bei Geräuschen generell oder du merkst, dass er bei diesem Geräusch erschrickt, kannst du Daumen und Zeigefinger an die Schnallenseiten pressen, um das Geräusch beim Schließen zu dämpfen (auf meinem YouTube-Channel findest du ein Short dazu).

Klappt auch das gut, geht das Anziehen in die Endrunde.

Danach kommt die Leine ins Spiel.

Ich empfehle grundsätzlich für Einsteiger eine Fünf-Meter-Leine. Sie ist das perfekte Mittelding zwischen genug Erkundungsmöglichkeit und völligem Leinenchaos am Anfang.

Bei kleineren Welpen sollte die Leine leichter und der Karabiner kleiner sein.

Das Material ist Geschmackssache, wobei gummiert und Biothane in der Beliebtheit deutlich vorne liegen.

Persönlich mag ich gummierte Leinen lieber, weil sie rutschfester sind. Probier im Geschäft einfach aus, was dir mehr liegt.

Es sollten jedenfalls keine Ringe oder andere Metallteile daran befestigt sein, damit sie sich weniger leicht verheddern (bei unsicheren Welpen verhindern wir zusätzlich ein Erschrecken durch das Geräusch), und für den Anfang empfehle ich eine Schlaufe am Ende (der Sicherheit wegen).

Ist die richtige Leine gefunden, muss sie dein Welpe auch vernünftig kennenlernen. Es gibt immer nur eine Chance für einen ersten Eindruck.

Hat dein Welpe schon Erfahrungen mit der Leine gemacht, kannst du zumindest einen ersten Eindruck für die Leine bei DIR in eurem neuen gemeinsamen Leben schaffen.

Wir halten uns vor Augen, dass wir später mit unseren Hunden entspannt an lockerer Leine spazieren gehen wollen.

Genau das gilt also vom ersten Anklicken ab sofort immer. Und zwar für euch beide. Wir ziehen unsere Hunde genauso wenig irgendwohin, wie wir das von ihnen erleben wollen.

Machst du also die Leine an deinen Welpen, kannst du gleich ein bisschen Futter streuen, um die Aufregung gar nicht erst hochfahren zu lassen und die Aufmerksamkeit von dem ungewohnten Gefühl abzuziehen.

Dann kann auch schon das erste Mini-Training losgehen.

Spannt sich die Leine, bleib stehen und ermutige deinen Welpen mit einem lockenden Geräusch, ein Stückchen näher zu dir zu kommen. Das lobst du und es geht weiter.

Das Gehen an kürzerer Leine schauen wir uns in einem späteren Kapitel gezielt an.

Ansonsten gehst du einfach mit und schaust dir mit deinem Welpen an, was ihn interessiert.

Manchmal allerdings passiert nach dem Anklicken der Leine auch einfach nichts Aufregendes. Ihr kuschelt gemeinsam, dein Hund kann einen Kong oder eine Schleckmatte bearbeiten und ihr verknüpft ganz nebenbei die Leine mit Entspannung (diese Momente müssen zu Beginn gegenüber den aufregenden Aktivitäten überwiegen, damit die Verknüpfung klappt).

Maulkorb

Und weil es nun mal Orte gibt, an denen unsere Vierbeiner später mal Maulkörbe tragen werden, üben wir das bestenfalls auch gleich mit unseren Welpen.

Da sich der Hundekopf inklusive Nase allerdings beim Großwerden doch sehr stark verändert, können wir uns schon mal darauf einstellen, dass wir einen Maulkorb nicht im Welpenalter kaufen und für immer behalten.

Wir haben also mehrere Möglichkeiten.

Die ersten positiven Berührungspunkte damit, die Nase irgendwo reinzustecken, können unsere Welpen sammeln, indem wir sie Joghurtbecher ausschlecken lassen.

Damit trainieren wir also schon mal für den Maulkorb, ohne einen zu brauchen.

Dann können wir ein günstiges, passendes Modell kaufen und dieses zum Beispiel später einem Tierheim spenden.

Ich empfehle grundsätzlich nur anatomisch korrekte Metallmodelle. Plastikkörbe sind derzeit kaum in anatomisch korrekter Form erhältlich und nicht beißsicher, Biothane und Leder sind am unsichersten und passen auch oft nicht.[5]

Grundsätzlich soll zwischen Nasenspitze und Maulkorb vorne etwa ein Zentimeter Platz sein, der Korb nicht in die Augen drücken, nicht zu stark seitlich verrutschen, in der Tiefe Gähnen erlauben und nicht auf dem Nasenspiegel (also der Nasenspitze) aufliegen.

Hast du einen passenden Korb gefunden, kann dein Knirps einfach mal daraus Kekse essen.

Dann belohnst du gezielt das Reinstecken der Nase mit deinem Markersignal und Futter, bevor du nach dem ersten Futterstückchen ein zweites Markersignal und noch mal Futter gibst. Dann hängst du einen dritten Marker und Belohnung an und so weiter.

So kannst du die Dauer ausdehnen.

Bist du bei etwa zehn Sekunden angelangt, kannst du die Leckerli wieder ausdünnen, bis du bei einem am Anfang und einem am Ende angelangt bist.

Jetzt ist Zeit für die Riemen.

Bewege sie erst einzeln, dann beide, und dann kannst du sie langsam schließen.

Ist der Schritt für deinen Welpen zu groß, kannst du auch erst den Riemen um den Hals wie ein Halsband schließen und den Korb um den Hals baumeln lassen.

Klappt das gut, kannst du die Nase in den Korb schlüpfen lassen und dann den Riemen festmachen.

Damit dein Welpe dann nicht auf die Idee kommt, den Korb loszuwerden, kannst du gleich sehr häufig hintereinander belohnen, gemeinsam herumtollen und, bevor er sich groß Gedanken über das komische Ding auf der Nase machen kann, zieht ihr es schon wieder aus.

Die Dauer dehnt ihr dann wieder schrittweise aus.

Du siehst, auch komische Sachen lassen sich wunderbar spielerisch und freiwillig aufbauen.

5 Schnapp dir gerne auf www.wattebaellchen.at/gratis den Gratis-Guide „Maulkorb", um einen passenden Korb zu finden, denn die Auswahl kann schnell erschlagen.

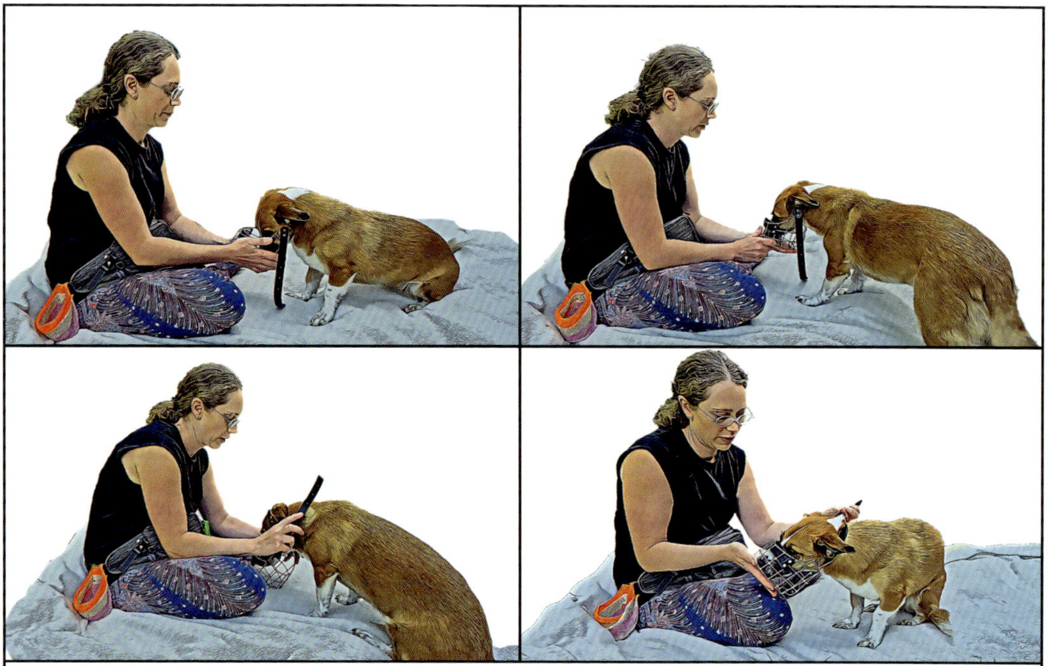

Calumi lernt das erste Mal einen Maulkorb kennen ... gar nicht so einfach mit Nacken-Trauma.

Boah, was für eine coole Welt – Sozialisation

Starke Hunde müssen als Welpen nicht nur lernen, mit Artgenossen freundlich und sanft umzugehen. Das kleine Welpen-Einmaleins der Sozialisation und Gewöhnung, erste Signale, Spielregeln im Zusammenleben mit uns Menschen und typische Welpenproblemchen wie Stubenreinheit sind auch für sie ganz wichtig.

Dabei kommt es immer ganz darauf an, was der Hund in seinem späteren Leben alles brauchen wird. Das sollte er als Welpe schon in einem entspannten und positiven Zusammenhang kennenlernen. Das Equipment habt ihr euch ja schon erspielt.

Bist du dir nicht sicher, was dein Welpe alles lernen muss, mach dir eine Liste mit Situationen, Orten und Gegenständen, die in deinem Alltag vorkommen.

Darauf werden sich ganz aufregende Dinge wie Autofahren, Pferde oder Gittertreppen befinden, aber auch viele Kleinigkeiten wie Staubsauger, Teppiche und Regenschirme.

Die Kleinigkeiten kannst du deinem Welpen häufiger zeigen. Das wird sich im Alltag ohnehin ergeben. Die besonders aufregenden Erlebnisse verarbeitet dein Welpe allerdings länger und er braucht

daher danach einige Ruhetage (je nach Charakter).

Besonders Hunde, die eine gewisse Grundskepsis mitbringen (aufgrund ihrer Aufzucht, ihrer Rasse oder ihres Charakters), brauchen bei diesen ersten Erfahrungen oft mehr Zeit und eine besonders behutsame und positive Herangehensweise. Dabei kannst du gerne auf die Lieblingsleckerli und ganz viel Spiel und Spaß zurückgreifen.

An neuen Orten lasse ich die Welpen dann gerne einfach erkunden und greife nur dann ein, wenn sie Quatsch machen (Parkbank annagen beispielsweise) oder Hilfe brauchen (weil sie sich zum Beispiel fürchten).

Zeigt sich dein Welpe unsicher oder ängstlich, kannst du dich in die Hocke begeben und ihm anbieten, zu dir zu kommen und sich anzulehnen.

Manche Hunde mögen auch ein Anfassen / Streicheln / Massieren an Schulter, Brust oder Hinterteil. Du kannst deinem Welpen auch erzählen, was da gerade passiert. Er wird zwar deine Worte nicht verstehen, aber beim Sprechen atmest du ruhig weiter und die Tonlage verrät, dass du gar nicht beunruhigt bist.

Fürchtet sich dein Welpe wirklich und kann nur noch flüchten, geh mit ihm mit, bis er sich sicher genug fühlt und wieder ansprechbar wird.

Hindernisse zu überwinden, macht einfach in jedem Alter Spaß und schweißt zusammen.

Marker und Belohnung (stimmliches Lob, wenn sonst nichts möglich ist) wirken der Angst entgegen und können solche Reaktionen mit der Zeit abschwächen.

Seid ihr dann in ausreichend Abstand, könnt ihr das gefährliche Ding wieder in Ruhe beobachten und du kannst auch wieder mit deinem Welpen (Futter-)Suchspiele spielen, um positive Assoziationen zu schaffen.

Außerdem bringe ich mich beim Erkunden gerne mit lustigen Aufgaben ein, sodass wir auch etwas gemeinsam machen. Du kannst hier deiner Fantasie freien Lauf lassen und die Welt zum Spielplatz für deinen Welpen werden lassen.

- Wo könnte er draufklettern?
- Wo könnte er durchlaufen?
- Was könnte er umrunden?
- Worauf könnte er kurz stehen und ein Nasentarget an deiner Hand (also mit der Nase an deine Hand stupsen) machen?

Das Nasentarget ist ohnehin ein äußerst praktisches Multifunktionswerkzeug, denn es lässt dich deinen Hund positionieren, ohne ihn anzufassen (schieben und ziehen ist halt einfach unangenehm), es ist super schnell trainiert und wir werden gleich noch eine Verwendung sehen.

Außerdem kannst du deinen Hund mit dem Target einladen, irgendetwas zu erkunden oder irgendwo draufzusteigen. Anders als beim Locken bringen wir ihn dabei nicht in einen so starken Konflikt (ich will das Futter, aber das Ding macht mir Angst), und dennoch geben wir eine gute Idee vor.

So kannst du ein Nasentarget trainieren

Start:

Dein Hund ist nahe bei dir und aufmerksam, du hältst beide Hände hinter deinem Rücken (in einer Hand ist Futter). Bei kleinen Hunden empfiehlt sich die Verwendung eines Targetsticks (du kannst auch einen Stecken oder Kochlöffel verwenden), ansonsten kannst du einfach die freie Hand verwenden.

Ziel:

Dein Hund kommt aus jeder Position und unter starker Ablenkung auf Signal zu dir gelaufen und berührt mit der Nase so lange Target/Hand, bis du die Freigabe gibst oder er eine Pause braucht (Medical Training). Du kannst die Hand dabei frei bewegen und deinen Hund damit führen.

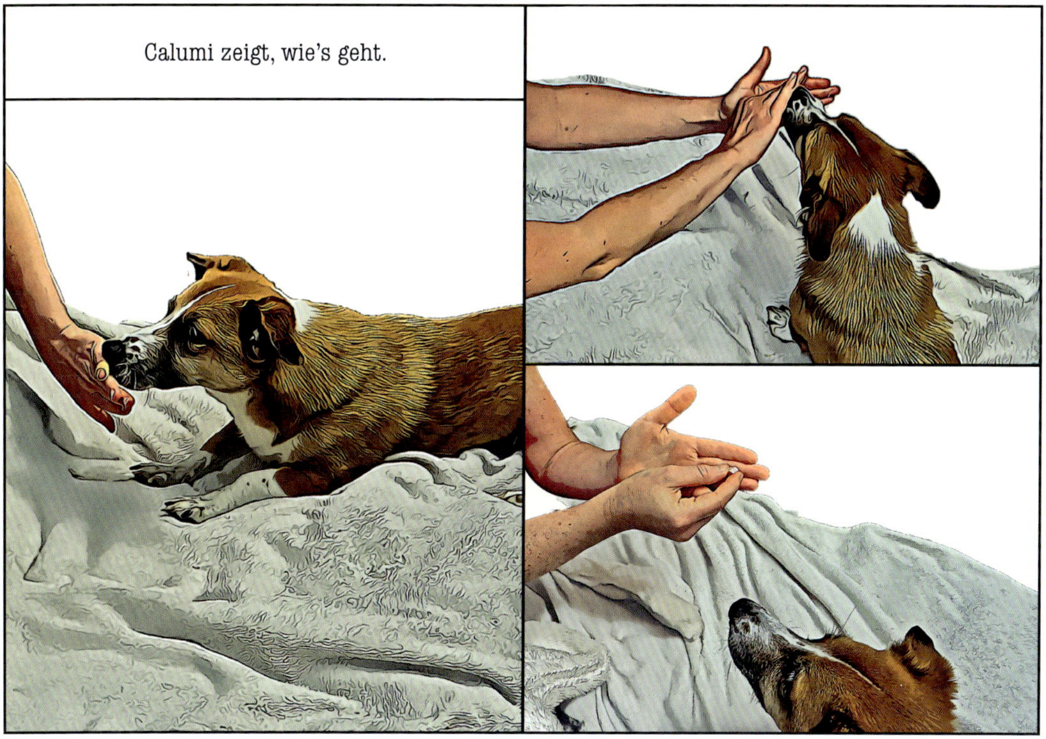

Calumi zeigt, wie's geht.

Trainingsschritte:

1. *Zeig deinem Hund die freie Hand/das Target (vorher war es hinter deinem Rücken). Sieht er hin => Marker und Belohnung (beim Target). Danach verschwindet das Target/die Hand wieder.*
2. *Zeig deinem Hund das Target (die Hand) => er berührt es mit der Nase => Marker + Belohnung*
3. *Setz nun das Signal (zum Beispiel „Touch"), bevor du die Hand zeigst => er berührt => Marker + Belohnung*
4. *Zögere jetzt Marker + Belohnung eine Sekunde hinaus. Dein Hund muss also länger mit der Nase dranbleiben.*
5. *Zögere weiter hinaus (bis ca. eine Minute).*
6. *Verringere die Dauer nun wieder und halte das Target etwas weiter weg. Dein Hund muss einen Schritt auf das Target zulaufen.*
7. *Erhöhe die Distanz, die dein Hund überwinden muss, um zum Target zu gelangen (bis 15 Schritte).*
8. *Verlängere nun die Dauer, nachdem dein Hund aus großer Distanz zum Target gelaufen ist.*

__Tipp:__ Du kannst hier auch mehrmals belohnen.

9. *Bewege das Target und damit die Nase einen Zentimeter zur Seite.*
10. *Bewege das Target einen Zentimeter zur anderen Seite.*
11. *Bewege das Target einen Zentimeter nach oben.*
12. *Bewege das Target einen Zentimeter nach unten.*
13. *Bewege das Target einen Zentimeter nach vorn (dein Hund muss den Kopf vorstrecken).*
14. *Erhöhe die Distanz, die du bewegst (immer nur einen Zentimeter und eine Richtung).*

__Tipp:__ Achte darauf, dass die Nase den Kontakt hält. Verliert dein Hund den Kontakt, hast du entweder zu schnell bewegt oder der Trainingsschritt war zu groß (bewege beim nächsten Mal einige Zentimeter weniger weit).

15. *Baue leichte Ablenkung ein, zeige das Target wieder statisch und nahe bei deinem Hund.*
16. *Erhöhe die Ablenkung.*
17. *Nimm wieder Distanz dazu.*
18. *Nimm Dauer dazu.*
19. *Nimm Bewegung dazu.*

Remember me

Die Belohnung kommt immer beim Target/bei der Hand und danach verschwindet sie wieder.
Vielleicht hast du beim Trainieren auch gemerkt, dass sich dein Hund beim Ertönen des Signals für das Handtarget zu dir bewegen soll, um das Target zu berühren.
Wenn du dich jetzt wunderst, ob das nicht ein Rückruf ist, hast du Recht. Das Nasentarget eignet sich wunderbar als Rückruf.

Noch eine Option, sich selbst auszuprobieren, sind beispielsweise Treppen. Natürlich sollen Welpen nicht wie die Wilden ständig über Treppen rasen. Aber zu lernen, alle vier Pfoten langsam über ein paar Stufen zu koordinieren, macht für das spätere Leben auf jeden Fall Sinn.

Klappt das gut, brauchst du es auch nicht mehr üben (dein Welpe verlernt den Bewegungsablauf in der Regel nicht mehr, so wie bei uns das Fahrradfahren).

Solche Spielereien bieten auch uns die Gelegenheit, wieder ein bisschen Kind zu sein und einfach Spaß zu haben, während der Welpe wichtige Koordinationsübungen macht (natürlich kannst du auch zu Hause solche Gelegenheiten finden).

Manche Welpen erweisen sich sofort als echte Treppen-Profis, während andere sich anfangs gruseln. Ihnen kann auch hündische Begleitung zum Abschauen helfen.

Auf jeden Fall auf diese Liste gehören für mich verschiedene Untergründe, Autofahren, verschiedene Artgenossen, Menschen und Feuerwerksgeräusche (YouTube-Videos eignen sich hierfür super).

Wann immer du deinem Welpen Neugier und Erkunden ermöglichen kannst, förderst du automatisch ein selbstbewusstes Großwerden und wirkst damit Ängsten entgegen.

Hat dein Welpe einmal keine Lösung für ein Problem, findet beispielsweise keinen Weg über das gruselige Gitter, kannst du helfen (zum Beispiel mit einem Nasentarget oder Tragen) und so stärkst du eure Beziehung.

Bei Hundebekanntschaften gibt es für mich bei Welpen eine ganz wichtige Regel: Ein anderer Hund bedeutet immer, dass der Mensch gleich eine tolle Idee hat. Also ich möchte, dass schon die Welpen lernen, sich bei einer Hundesichtung sofort zum Menschen umzuwenden. Dafür brauchen wir ein Aufmerksamkeitssignal.

Aufmerksamkeitssignal

Hierbei bringst du deinem Hund bei, dass er auf ein bestimmtes Signal (zum Beispiel „Schau") zu dir schaut. Der Aufbau ist denkbar einfach und sehr ähnlich dem Markersignal. Zu Beginn sagst du einfach das neue Signal und gibst deinem Hund direkt danach ein Stückchen Futter. Damit dein Hund das zuverlässig verknüpft, suchst du dir am besten eine Situation und Umgebung ohne Ablenkung aus und eine Zeit, wo dein Hund entspannt und aufmerksam ist (zum Beispiel am Vormittag im Wohnzimmer, während andere Tiere anders beschäftigt sind).

Der Unterschied zum Markersignal ergibt sich erst im nächsten Trainingsschritt. Dann wollen wir nämlich, dass sich der Hund aktiv zu dir wendet (was er beim Markersignal nicht tun muss, je nachdem, welche Belohnung damit verknüpft wird).

Such dir also eine Situation mit wenig Ablenkung aus und sag dein Aufmerk-

Das Aufmerksamkeitssignal brauchen wir natürlich auch noch, wenn die Kleinen schon groß sind.

samkeitssignal. Dein Hund sollte sich zu dir umwenden und sich seine Belohnung abholen. Damit du hier wirklich absolute Zuverlässigkeit bekommst, nimm am besten eine Situation, in der du darauf wetten würdest, dass dein Hund sie schafft.

Danach gibt es manchmal ein Spiel mit dem anderen Hund, ganz oft aber auch irgendetwas anderes Tolles mit dir statt des Kontakts zum anderen Hund.

Das beugt späterer Leinenaggression aus Frust vor, denn die entsteht oft, wenn Teenies plötzlich nicht mehr zu jedem Hund hinlaufen dürfen, obwohl das als Welpe ganz normal war. Diesen plötzlichen Regelwechsel verstehen die Hunde oft nicht. Deshalb macht es Sinn, schon mit den Zwergen zu üben, dass es gar nicht schlimm ist, wenn sie nicht zu einem anderen Hund hin können.

Bei dieser Herangehensweise entsteht außerdem weniger Aufregung, was späteren Begegnungen ebenfalls zugutekommt.

Bekanntschaften machen

Doch wen und wie viele Hunde sollen Welpen überhaupt treffen?

Das hängt sowohl vom Welpen als auch von eurer Lebenssituation ab. Ich finde es wichtig, dass die Welpen mit den Hunden der Familie und der Freunde Bekanntschaft machen, sofern sie später mit ihnen Kontakt haben sollen und diese Hunde für Welpen geeignet sind.

Für Welpen geeignet sind Hunde dann, wenn sie mit Welpen umgehen können und sie auch mögen. Das trifft bei Weitem nicht auf jeden erwachsenen Hund zu. Einen sogenannten „Welpenschutz" gibt es nicht. Das ist ein sehr gefährlicher Mythos.

Frag also am besten vor einem Treffen die Menschen, wie ihre Hunde zu Welpen stehen. Schau dir auch an, wie die Menschen mit ihren Tieren umgehen, denn Hunde sind sehr gute Beobachter.

Dein Welpe kann also gute oder schlechte Erfahrungen mit Menschen machen, je nachdem, wie diese ihre eigenen Hunde behandeln – auch ohne direkte Interaktion mit deinem Welpen. Vor allem, da dein Welpe die Körpersprache, also die Reaktion des Hundes auf das jeweilige menschliche Verhalten, ja sehr gut lesen kann. Uns geht es ja genauso, selbst als Erwachsene …

Stell dir vor, du stehst an der Tankstelle. Plötzlich rauscht ein Auto auf einen Parkplatz vor dem Shop, der Fahrer springt aus dem Auto, stürzt zur Beifahrerseite, reißt die Tür auf, greift mit wutverzerrtem Gesicht nach der Beifahrerin und zerrt diese aus dem Auto.

Ohne die Personen zu kennen, hast du jetzt schon ein Gefühl beziehungsweise

Skateboard, Fahrrad, Regenschirm … in der Großstadt alltägliche Dinge, die Welpen schon früh positiv kennenlernen dürfen.

eine Meinung zu den Personen, stimmt's? Du hast also eine Erfahrung gemacht. Jetzt stell dir vor, du bist drei Jahre alt und erschreckst dich vielleicht gleich zu Beginn der Parkplatz-Szene ganz fürchterlich vor dem heranrasenden Auto. Wie ist die Erfahrung? Sehr wahrscheinlich entsprechend schlimmer, als wenn dir dasselbe als Erwachsener passiert.

Wenn wir wollen, dass unsere Hunde gute Erfahrungen mit Menschen machen, ist es also sinnvoll, dass wir ihnen Hund-Mensch-Teams vorstellen, zwischen denen ein harmonischer, freundlicher Umgang herrscht. Das erspart uns auch einiges an Diskussion darüber, warum wir eben keine aversiven Methoden nutzen wollen.

Das Treffen kann am besten an einem neuen, spannenden Ort stattfinden, wo es viel zu schnüffeln gibt, ohne weit gehen zu müssen. Das erleichtert es den Hunden, Pausen voneinander zu machen, und ihr müsst keinen Spaziergang machen.

Ist ein neuer Ort und ein neuer Hund noch zu aufregend für deinen Welpen (zum Beispiel, weil er noch nicht lange bei euch oder an neuen Orten eher unsicher ist), kannst du auch deinen Garten nutzen, sofern der andere Hund wirklich umsichtig mit deinem Welpen umgeht.

Möchtest du deinem Welpen einen anderen Welpen vorstellen, kann auch das eine super Idee sein. Die beiden können zusammen spielen und haben ähnliche Bedürfnisse in Bezug auf Pausen und Aktivität.

Ich mag hierbei Eins-zu-eins-Treffen lieber als Welpengruppen, denn die Dynamik ist entspannter und ihr könnt besser auf die Bedürfnisse eurer Hunde eingehen, doch auch eine gut geführte Welpengruppe kann eine Bereicherung im Welpenalltag sein.

Hierbei ist wichtig, dass …

… die Gruppe nicht mit wildem Spiel, sondern entweder mit Übungen oder Entspannung begonnen wird

… die Gruppengröße möglichst klein bleibt

… Mobbing sofort freundlich beendet wird

… kein Welpe zum Kontakt gezwungen wird

… eine Trainerin mit Qualifikationen anwesend ist und gewaltfrei gearbeitet wird.

Erwachsene Hunde können in Welpengruppen oder auch in Eins-zu-eins-Treffen anwesend und bereichernd sein, sind aber kein Muss.

Solange diese Grundregeln für positive Erlebnisse gegeben sind, kann dein Welpe gern so viele andere Hunde wie möglich kennenlernen.

Immerhin gibt es Hunde, die ganz anders aussehen und sich ganz anders verhalten als er selbst (denken wir nur mal an einen übermäßig behaarten Bobtail, bei dem kaum Mimik zu erkennen ist). Alles, was dein Welpe positiv kennenlernt, wird ihn auch später nicht so leicht aus der Bahn werfen.

Bei Begegnungen mit Menschen können wir einen Grundstein dafür legen, wie unsere Welpen Fremde abspeichern und unsere eigenen Fähigkeiten der Kommunikation und Grenzsetzung üben.

Viele Menschen finden Welpen unwiderstehlich. Das führt dazu, dass sie sich auf die kleinen Fellknäuel stürzen wie die ausgehungerten Hyänen auf einen Kadaver,

Ein erwachsener Hund im gleichen Haushalt ersetzt zwar keine Sozialkontakte mit anderen Hunden, kann aber für manche Welpen eine unglaubliche Bereicherung sein.

und die Welpen sind nicht selten wenig begeistert davon.

Jetzt liegt es an uns, unsere neuen Familienmitglieder vor solchen Übergriffen zu schützen.

Dafür haben sich in den letzten Jahren ein paar Tricks bewährt:

1. Immer Leckerli mithaben und den Passanten in die Hand drücken. Nach dem Motto „busy fingers don't touch" können die Menschen Kekse geben und Mensch und Hund machen positive Erfahrungen.
2. Nett grüßen und dabei weggehen. Das gibt den Menschen nicht so viel Gelegenheit, nach dem Hund zu greifen, als würden wir stehen bleiben, und unser Welpe lernt gleich: Fremde Menschen zu treffen ist gar nicht so aufregend.
3. Hund nach hinten. Dein Welpe kann lernen, sich bei Begegnungen mit Menschen hinter oder zwischen deine Beine zu setzen.

   Anfangs kannst du ihn dort einfach mit einem Leckerli hinlocken und dann das Nasentarget verwenden.

   Sobald Ablenkungen (in unserem Fall Menschen) dazukommen, bekommt dein Welpe einfach sehr viele Belohnungen dafür, dass er dort bleibt, und du unterhältst dich mit dem Passanten (das braucht eventuell zuerst etwas Trockentraining).

   Für den Passanten ist das offensichtlich Training und viele Leute wollen dann auch gar nicht stören. Für deinen Welpen sind es wieder positive Erfahrungen mit Menschen.

Du siehst, wir haben mit unseren Welpen ganz schön viel vor.

Ruhe ist wichtig

Aber Achtung! Wir wollen die kleinen Hunde nicht überfordern, denn wie bei uns auch gilt der Leitsatz: „Nach müde kommt blöd." Setzen wir einen Welpen zu vielen Eindrücken gleichzeitig oder für zu lange Zeit aus, sehen wir abends oder die Tage danach oft Überdrehtheit, vermehrtes Zwicken in die Hände, verrückte fünf Minuten (mehr als ein kurzes Hochdrehen vor dem Schlafen) und Schwierigkeiten, zur Ruhe zu kommen.

Der Welpe ist schlichtweg überfordert.

Manchmal wird diese hohe Aktivität dann fehlinterpretiert und nach mehr Auslastung gesucht, was allerdings nach hinten losgeht.

Merkst du also, dass dein Hund immer mehr durchdreht, schau dir an, wie viel ihr gemeinsam macht und wie viel Zeit noch zum Schlafen bleibt. Welpen schlafen nämlich natürlicherweise unglaublich viel.

Zwar sind die meisten starken Hunde keine Hektiker, dennoch brauchen sie gerade als Welpen ein bisschen Hilfe beim Ruhen. Die Welt ist ja sehr spannend (auch Hunde haben FOMO – Fear of Missing Out, wollen also nichts verpassen) und so ein Welpe lässt sich sehr leicht zu zu viel Action überreden.

Zudem helfen Ruhe und langsame Bewegungen den Gelenken und einem gesunden Großwerden.

Bei den langsamen und koordinierten Bewegungen unterstützen wir auch gleich das Körpergefühl und das Selbstbewusstsein. Doch dazu später mehr.

Grundsätzlich gilt: Entspannung kann nicht erzwungen werden. Aber: Hunde lassen sich oft gut von uns anstecken.

Wir können also die Gelegenheit nutzen und mal auf unseren eigenen Alltag schauen. Rennen wir ständig wie die aufgescheuchten Hühner durch die Gegend oder nehmen wir uns Zeit zum Entspannen?

Sind unsere Welpen total überdreht, hilft es oft schon, wenn wir für uns selbst ein bisschen mehr Ruhe im Alltag einbauen und uns mit unseren Welpen hinsetzen und runterkommen.

Das kann mit einem Buch, Meditation, dem Fernseher (keine Nachrichten oder Sport, wo wir uns aufregen) oder einfach achtsamer Zweisamkeit sein. Solche Momente eignen sich auch wunderbar dafür, den neuen Hund kennenzulernen.

- Was zeigt er, wenn du ihn streichelst?
- Wo mag er das besonders gerne und wie zeigt er das?
- Wie fühlt sich das Fell an?
- Wie legt er sich hin?
- Woran merkst du, dass er gleich einschläft?
- Ist er irgendwo wärmer oder kälter als am restlichen Körper?

All diese Informationen können besonders dann wichtig werden, wenn sie sich verändern. Das kann nämlich an gesundheitlichen Herausforderungen, hormonellen Schwankungen, Stress oder auch ein Zeichen dafür sein, dass dein Welpe ankommt und Vertrauen lernt.

Kauen und Schlecken helfen ebenfalls beim Entspannen.

Auch der Zahnwechsel führt zu vermehrtem Kauen und Beißen. Erleichterung verschaffen gefrorene Futterspielzeuge (zum Beispiel Kong) oder auch eine Karotte.

Viele starke Hunde haben so oder so ein erhöhtes Kaubedürfnis. Das sieht man oft an ihrer Vorliebe für Stöcke (meist in einer angemessenen Größe … also ein Baumstamm). Da die allerdings aufgrund der Verletzungsgefahr nicht besonders geeignet sind, kannst du deinem Welpen schon eine Alternative in Form von Kaffeehölzern, speziellen Wurzeln oder Gummispielzeugen beibringen. Hierbei ist allerdings wichtig, dass dein Welpe keine Stücke abbeißt und verschluckt.

Gleiches gilt auch für Kauartikel wie Rinderkopfhaut. Viele starke Hunde mögen solchen Knabberspaß total gerne und nutzen ihn gut, um zu entspannen. Es gibt aber Hunde, denen das Fressen dabei nicht schnell genug geht und die dann sehr schnell in Frust verfallen.

Für sie ist Schlecken besser geeignet. Passende Futterspielzeuge findest du in allen erdenklichen Formen und Farben im Fachhandel.

Die einfachste Variante ist eine Schleckmatte oder ein gefüllter Kong (kann man beides auch einfrieren, damit die Beschäftigung länger dauert und bei schmerzendem Zahnfleisch hilft).

Hast du das Richtige für deinen Welpen gefunden, wird es dir auch in der stressigen Phase der Pubertät helfen, mehr Ruhe in euer Zusammenleben zu bringen.

Gehst du mit deinem Welpen nach draußen, fällt dir vielleicht eine spezielle Eigenheit bei deinem Welpen auf.

Besonders große Hunde setzen oder legen sich als Welpen oft einfach hin und bewegen sich nicht mehr (das machen zwar auch kleine Hunde, aber bei ihnen übersehen wir es schneller). Das ist ein Zeichen, dass ihnen alles zu schnell geht und sie mehr Zeit zum Verarbeiten brauchen.

Wir erkennen daran auch, dass Spaziergänge für den Welpen nicht passen.

Möchtest du deinem Welpen also etwas zeigen, trag ihn dorthin oder fahr mit dem Auto und lass ihn dann einfach erkunden … im eigenen Tempo.

Zusätzlich kannst du auch an jedem neuen Ort ein bisschen spielen, neue Übungen festigen oder gemeinsam beobachten. Damit erinnerst du deinen Welpen daran, dass du sein Teamplayer bist und ihr gemeinsam mehr Spaß haben könnt. Das hilft dabei, die Eigenständigkeit mancher Rassen auszugleichen (auch dazu kommen wir noch).

Meist wird dann hier schon von „durchsetzen", „dominieren" und so weiter geredet, doch auch wenn ein Hund später mal groß und stark wird, ist er jetzt noch ein Baby und die brauchen niemals Härte (auch erwachsene Hunde brauchen diese nicht, aber dazu kommen wir noch).

Lass dir so etwas also nicht einreden. Stattdessen kannst du deinen Welpen einfach das Tempo bestimmen lassen und einmal schauen, wofür er sich interessiert und wo er besonders gerne schnuppert.

Schulstart für tollpatschige Riesenbabys

Genauso verhält es sich auch bei den Signalen, die dir mit deinem Welpen wichtig sind. Wird dein Hund später eine gewisse Kraft haben, ist besondere Konsequenz wichtig.

Ein fehlerfreies Lernen wäre eigentlich bei jedem Hund optimal, es ist allerdings verschmerzbar, wenn Fünf-Kilo-Hunde später an der Leine ziehen (ist natürlich für den Hund nicht schön). Bei 55 Kilo sieht es dann schon anders aus.

Überleg dir also, wie du deinem Hund etwas beibringen möchtest und vor allem, wie du die Lernsituationen gestaltest. Dabei hilft meinen Teams oft eine kleine Grundregel: Je mehr der Hund vom Mitmachen hat, desto zuverlässiger wird er das auch tun.

Die Belohnungen dürfen also im Training ruhig richtig gut sein. Das hilft auch bei den starken Hunden, die sich gerne die Zeit nehmen, abzuschätzen, ob das Verlangte wirklich Sinn macht. Auch diese Eigenheit wird uns später wieder begegnen.

Falls du also schon mal erlebt hast, dass dein Welpe nach der vierten Wiederholung plötzlich nicht mehr auf das „Sitz" reagiert, kann das daran liegen, dass er den Sinn dahinter nicht sieht (gesundheitliche Ursachen können natürlich auch dahinterstecken).

Das gibt uns den Anreiz, das Training kreativer zu gestalten, mehr Pausen zu machen und ein besonderes Augenmerk auf den Spaß unserer Welpen zu legen.

So ein Kong kann auch wunderbar beim Entspannen an neuen, aufregenden Orten helfen.

Vor allem beim Medical Training (also Training für Körperpflege und medizinische Maßnahmen, wie Zeckenziehen, Ohren, Augen, Zähne und Pfoten kontrollieren, Bürsten oder alles, was beim Tierarzt passiert) ist eine hochwertige und reiche Belohnung ein Riesenvorteil.

Bei dieser Art des Trainings lernt dein Welpe nämlich, freiwillig mitzumachen, und zwar auch, wenn es mal zwickt.

Diese Freiwilligkeit erreichen wir mit einem sehr üppig belohnten Kooperationssignal. Also einem Signal, das dein Hund so lange durchhält, bis die Behandlung vorbei ist, er eine Pause braucht oder das Training beenden möchte. Der Hund entscheidet also, ob und wie weit er behandelt wird.

Vielleicht denkst du dir jetzt „Das würde der doch nie freiwillig mitmachen" und ich hatte genau den gleichen Gedanken anfangs. Es ist allerdings erstaunlich, wie bereitwillig unsere Hunde mit uns kooperieren, wenn wir ihnen die Möglichkeit dazu geben.

Es ist ein bisschen ähnlich wie bei uns: Sind wir beim Zahnarzt und werden in den Sessel gefesselt, haben keine Chance, Einspruch zu erheben oder um eine Pause zu bitten, werden wir ganz bestimmt nicht mehr zum Zahnarzt gehen.

Ist der Arzt aber total nett und einfühlsam, fragt uns, wie es uns geht, erklärt, was er macht (ohne grausige Details, die uns Angst machen), geht auf Pausenwünsche ein und ist so sanft wie irgendwie möglich, werden wir dieses notwendige Übel regelmäßig über uns ergehen lassen.

Kooperation & Freiwilligkeit versus „Da muss er durch" und „Hunde untereinander…".

Diese Diskussion wird wohl noch lange bestehen bleiben, obwohl sie doch recht unsinnig ist.
Natürlich gibt es Situationen, die wir vorher nicht trainieren können, weil wir sie nicht erwartet haben. So kann plötzlich eine unerwartet schmerzhafte, aber lebensnotwendige Prozedur beim Tierarzt nach einem Unfall notwendig sein.
Da muss er durch.

Doch auch diese Situation kann man – notfalls mit Medikation – angenehmer gestalten. Wir können extra hoch belohnen und wir können sogar vorab ein Festhalten trainieren, sodass der Hund zumindest das schon kennt und nicht panisch wird.
Jede schwierige Situation ist einfach durchzuhalten, wenn sie freiwillig passiert. Wir kennen das doch von uns selbst (Zahnarzt und Co.).
Und mal ehrlich… willst du deinen Hund jedes Mal in Angst und Schrecken versetzen oder mit ihm kämpfen, nur weil die Krallen geschnitten werden müssen?
Es geht definitiv anders.
Und für alle Zweifler (ja, ich verstehe euch): Wenn wilde Tiere im Zoo beim Medical Training mitmachen, die mit uns Menschen so gar nichts am Hut haben, warum sollte das dann bei einem Hund, der über Jahrtausende mit uns zusammengewachsen ist, nicht funktionieren?
Was ist allerdings mit dem Argument, Hunde untereinander wären auch nicht zimperlich?

Es hinkt an allen Ecken und Enden.

1. Wir sind keine Hunde und unsere Hunde wissen das (wir kommunizieren viel gröber und können uns noch so bemühen, wir werden die Feinheiten hündischer Körpersprache nicht hinbekommen… die geruchliche Kommunikation brauchen wir gar nicht erst ansprechen).

2. Hunde sind untereinander sehr sanft und äußerst konfliktvermeidend. Als Beispiele, um die Aussage „Hunde untereinander …“ zu untermauern, werden immer eskalierende Situationen oder vollkommen überforderte Tiere hergenommen. Das ist nicht die Norm!

Beobachten wir Hunde miteinander, sehen wir sehr viel feine Körpersprache, viel Beschwichtigung („ich will dir nix“) und selbst in der Aggression ist viel abgestuftes Verhalten und sehr wenig Beschädigung zu erkennen.
Versuchen Menschen das nachzumachen, erkennen wir an der hündischen Reaktion, dass die Menschen viel zu heftig sind.
Ich frage dich also: „Möchtest du, dass das jemand mit dir macht?“
Immer unter dem Gesichtspunkt, dass du nicht verstehst, was dieser jemand von dir will oder warum du überhaupt in der Situation bist.
Möchtest du, dass dir dein Hund vertraut und sich in deiner Gegenwart sicher fühlt, geht kein Weg an der Kooperation vorbei.

Dieses Einverständnis wollen wir also auch bei unseren Hunden erreichen. Immerhin wollen wir eine vertrauensvolle Beziehung mit unseren Hunden aufbauen. Vertrauen kann aber nicht entstehen, wenn ein Teamplayer den anderen ständig überfordert oder übergriffig wird.

Stell dir vor, deine Partnerin drängt dich ständig dazu, große Entscheidungen (Zusammenziehen, Heiraten, Kinder, Haustiere …) zu treffen, bevor du dazu bereit bist. Und dabei sprechen wir noch gar nicht über körperliche Übergriffigkeiten.

So ein Druck zerstört Vertrauen. Wenn wir also mit unseren Hunden Vertrauen aufbauen wollen, kann es ein „da muss er durch“ oder „das hält er schon aus“ nicht geben.

Beim Welpen ist ein Kooperationssignal dann meist schnell trainiert, denn die kleinen Hunde haben ja besonders viel Spaß an spielerischem Training.

Ein mögliches Kooperationssignal wäre die Seitenlage (oder auch manchmal als Totstellen bezeichnet). Dabei liegt dein Hund auf der Seite, hat alle vier Beine entspannt ausgestreckt und den Kopf abgelegt. Dieses Kooperationssignal eignet sich für sehr viele verschiedene Behandlungen, braucht allerdings etwas mehr Übung beim Übertragen an unterschiedliche Orte, denn der Hund ist dabei in einer sehr verletzlichen Position.

Deshalb muss vor dem tatsächlichen Einsatz ganz viel Vertrauen aufgebaut und die Behandlungen supergut geübt werden.

Ein Markersignal haben wir ja glücklicherweise schon, denn es gibt dir die notwendige Präzision im Medical Training.

In den folgenden Trainingsplänen wird die Kombi von Marker und Belohnung mit M+B abgekürzt.

Los geht's also mit der Seitenlage.

Seitenlage als Kooperationssignal

Start:

Dein Hund liegt neben dir auf einem bequemen Untergrund oder einer speziellen, transportablen Unterlage. Du bist in der Hocke.

Ziel:

Dein Hund legt sich auf Signal in die Seitenlage und bleibt in der Position, bis die Behandlung vorbei ist oder er eine Pause braucht.

Trainingsschritte:

1. *Locke deinen Hund mit einem Leckerli so, dass er auf einer Hüfte liegt. Deine Hand führt dabei die Nase an der Schulter entlang nach oben.*

   ***Tipp:** Folgt dein Hund dem Leckerli nicht so lange, kannst du für die Kopfbewegung beliebig viele Zwischenschritte einbauen.*

2. *Locke deinen Hund in die Seitenlage. Hierzu führt die Lockhand am höchsten Punkt der Schulter auf die Nase zu, sodass der Kopf abgelegt wird.*
3. *Lass nun das Futter aus der Lockhand weg => M+B, sobald die Position erreicht ist.*

   ***Tipp:** Auch hier kannst du wieder beliebig viele Zwischenschritte einbauen, wenn dein Hund nicht so lange folgt.*

4. *Setz das Signal (Wort oder Hand) vor das Locken => M+B*
5. *Verringere die Bewegung der Lockhand => M+B in Position*
6. *Lass die Lockhand weg => M+B in Position*
7. *Verlängere die Dauer.*
8. *Nimm Ablenkung dazu.*

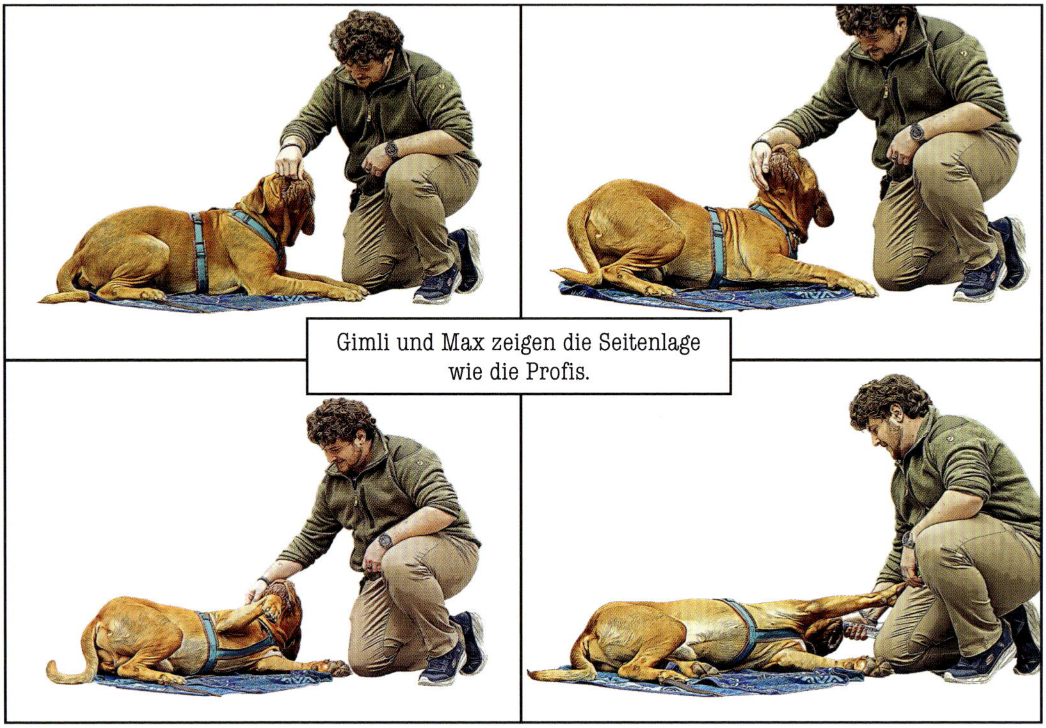

Gimli und Max zeigen die Seitenlage
wie die Profis.

Remember me

Der schwierigste Part an dieser Übung ist die Handbewegung am Anfang. Manche Hunde finden das komisch und für uns Menschen ist es auch nicht so einfach. Lass dir also genug Zeit dafür.

Manche Hunde legen sich auch auf die Seite, wenn wir die Hand einfach parallel zum Boden im 90°-Winkel vom Kopf wegziehen (sofern sie schon auf der Seite liegen). Das kannst du also auch versuchen, wenn die beschriebene Variante nicht klappt.

Mag dein Hund nicht, wenn du ihm so nahe und über ihn kommst, kannst du die Position auch einfangen, sobald dein Hund von selbst so daliegt.

Achte außerdem darauf, auf welcher Hüfte dein Hund liegt. Muss er erst auf die andere Seite kippen, um sich ausgestreckt hinzulegen, ist die Übung deutlich schwieriger.

Setzt sich dein Hund immer wieder auf, schau mal, ob du deine Hand vielleicht zu weit Richtung Hinterteil rutschen lässt.

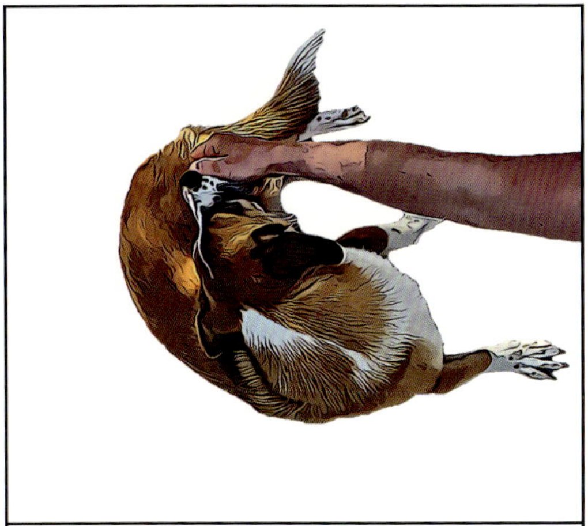

Calumi weiß nicht, was ich möchte, weil meine Hand zu weit hinten ist.

Alternativ zur Seitenlage kann dein Hund auch das Kinntarget als Kooperationssignal halten. Es eignet sich besonders gut, wenn dein Hund nicht lange liegen kann und bei der Behandlung die Pfoten nicht heben muss (beispielsweise Bürsten). Bei beiden Übungen ist der Hund in seiner Bewegungsfreiheit und Kommunikationsfähigkeit stark eingeschränkt. Achte daher darauf, dass er sich die ganze Zeit wohlfühlt. Egal, welche Variante du aussuchst (beide sind natürlich am besten), brauchst du dann auch die Behandlung dazu.

Klappen die Trainingsschritte deines ausgewählten Kooperationssignals gut, kannst du die gewünschte Behandlung dazunehmen.

Gerade alltägliche Dinge wie Zeckenziehen, Abhören (von einer zweiten Person, gegebenenfalls im weißen Kittel und in der Arztpraxis), Krallenschneiden und Abtrocknen können wir schon recht bald mit unseren Welpen einüben.

„Behandlungen“ üben

Start:

Dein Hund befindet sich im Kooperationssignal, das er auch schon für die erforderliche Dauer ohne Behandlung halten kann. Du hast die Werkzeuge und Futter vorbereitet.

Ziel:

Dein Hund lässt sich mit Kooperationssignal behandeln und muss möglichst selten unterbrechen.

Trainingsschritte:

1. *Zeig deinem Hund das Werkzeug => Kooperationssignal => M + B*
2. *Kooperationssignal => greif zum Werkzeug => M + B*
3. *Kooperationssignal => nimm das Werkzeug eine Sekunde in die Hand => M + B*
4. *Kooperationssignal => beweg das Werkzeug => M + B*

__Tipp:__ Verhalte dich möglichst normal. Bist du zu schnell / langsam / komisch, kann das deinen Hund verunsichern und zum Abbruch bewegen.

5. *Kooperationssignal => Beweg das Werkzeug auf deinen Hund zu => M + B*
6. *Kooperationssignal => Berühre deinen Hund mit dem Werkzeug => M + B*

   __Tipp:__ Du kannst anfangs eine einfache Stelle (zum Beispiel Schulter) wählen. Versuche, den Druck mittel zu wählen, sodass du deinen Hund nicht schiebst, aber auch nicht kitzelst. Ist mehr Druck bei der Behandlung nötig, baue diesen in eigenen Zwischenschritten langsam auf.
7. *Variiere nun, wo du deinen Hund mit dem Werkzeug berührst. Sehr empfindliche Stellen sind nur nötig, wenn du das Werkzeug im Endeffekt auch dort verwenden willst.*
8. *Erhöhe nun die Dauer mit dem Werkzeug am Hund.*
9. *Verwende das Werkzeug nun kurz zum eigentlichen Zweck.*
10. *Erhöhe die Dauer*

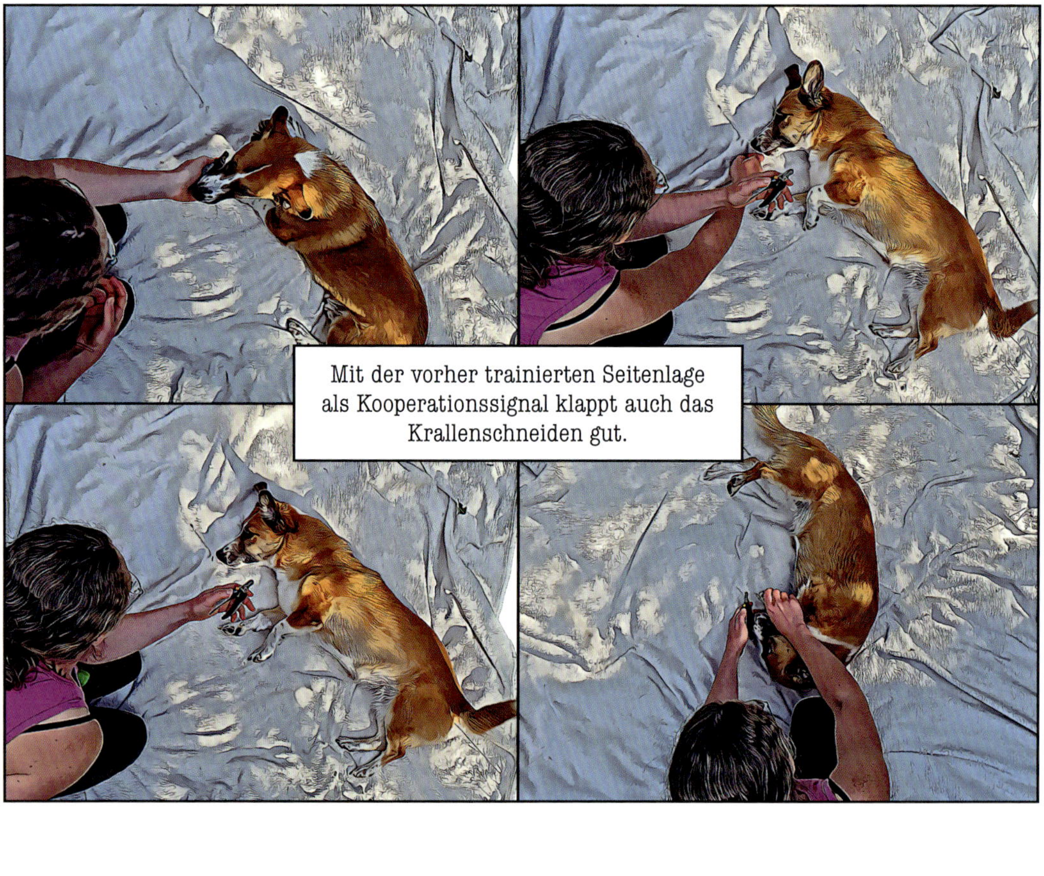

Remember me

Wir stellen dem Hund jedes Werkzeug einzeln vor. Es wird schwierigere Dinge geben und einfachere, je nachdem, auf was dein Hund empfindlicher reagiert. Lass deinen Hund zu Beginn gerne die Werkzeuge untersuchen, bevor er sich in die Trainingsposition begibt. Manche mögen das Vibrieren oder die Wärme eines Krallenschleifers oder einer Schermaschine nicht, andere das Ziehen der Bürste, wieder andere finden die Flasche beim Augeneintropfen gruselig und so weiter.
Hat dein Hund allerdings schon mal das Grundprinzip verstanden, werden neue Gegenstände grundsätzlich einfacher sein.

Es kann notwendig sein, verschiedene Zwischenschritte einzubauen, zum Beispiel, wenn du ein Körperteil deines Hundes in die Hand nehmen musst.

Baue auch hierbei immer wieder einfachere Wiederholungen ein und erwarte nicht, die ganze Behandlung innerhalb einer Sitzung abzuschließen. Das kann bei manchen Dingen komisch aussehen (halb geschorener Hund), ist aber für den Hund viel einfacher durchzuhalten. So kannst du zum Beispiel jeden Tag eine Kralle feilen … die Beschäftigung für die nächsten 20 Tage ist gesichert!

Du wirst hierbei auch merken, wenn dein Hund ein bestimmtes Werkzeug einfach nicht akzeptieren kann. So finden manche Hunde eine Krallenschere wegen des Drucks, das Vibrieren einer bestimmten Schermaschine, verschiedene Bürsten und so weiter einfach sehr unangenehm.

Zwar ist es möglich, auch Unangenehmes über Kooperation zu trainieren, es ist aber deutlich langwieriger, als ein Utensil zu wählen, das dein Hund angenehmer findet.

Ein kleiner Vorteil all dieser Übungen ist, dass dein Hund während des ganzen Trainings immer wieder Erfolge hat, seine Entscheidungen respektiert werden und er ernst genommen wird.

Zusätzlich bekommt er schnell das Gefühl, die Situationen kontrollieren zu können (keine Sorge, dein Hund wird dich dann nicht „dominieren", wie zu Beginn erwähnt). Sobald das passiert, machen sie weniger oder keine Angst.

Dennoch können manche Werkzeuge Angst bei deinem Welpen auslösen.

Deshalb zeige ich gerne alle Gegenstände einmal zum Beschnüffeln, bevor wir mit dem Training beginnen. Sehe ich dabei Unsicherheiten beim Hund, bauen wir einen Zwischenschritt ein. Dieser besteht einfach darin, dass ich den Gegenstand erst hinter dem Körper halte und sich in der anderen Hand Futter befindet (ebenfalls hinter dem Rücken).

Dann präsentiere ich den Gegenstand in ausreichend Entfernung, dass er keine Angst auslöst, und sofort ertönt das Markerwort (oder der Click), gefolgt von Futter. Der Hund muss dabei nichts machen, sich nicht annähern oder irgendwie mit dem

Gimli übt verschiedene Kooperationssigna auf dem Stadtspaziergang. Die Auslastung gesichert.

Sogar das „Abhören“ klappt wunderbar.

Ding interagieren. Er lernt einfach, dass dieses Werkzeug etwas Positives ankündigt.

Das machen wir so lange, bis der Hund entweder neugierig wird und den Gegenstand untersucht oder sichtbare Freude beim Auftauchen des Gegenstandes zeigt.

Dann können wir den Abstand verringern (Wiederholungen mit mehr Abstand zwischendrin erleichtern das Lernen).

Wichtig beim ganzen Medical Training (und eigentlich auch sonst im Leben) ist, dass dein Hund nichts erdulden muss, was er noch nicht kann. Er wird also zu nichts gezwungen.

Durch die Option, „Nein“ zu sagen, beginnen wir außerdem schon ein Verhaltensrepertoire aufzubauen, das unseren Hunden Möglichkeiten außerhalb von Aggression oder Flucht in schwierigen Situationen bietet. So verhindern wir nicht nur Beißvorfälle, sondern auch Frust. Doch dazu später mehr.

Muss irgendeine Behandlung unbedingt sein und ihr seid im Training noch nicht so weit gekommen, hilft Management.

Beispielsweise kannst du eine Hilfsperson bitten, eine Leberwursttube für deinen Hund zum Schlecken zu halten, während du eine Zecke entfernst. Dein Hund sollte die Hilfsperson dabei gerne mögen und jederzeit die Möglichkeit haben, zu gehen. Er wird nicht festgehalten!

Bei Dingen, die sofort passieren müssen, wo der Hund fixiert werden muss und die unangenehm sind, ist auch eine kleine Sedierung beim Tierarzt eine Möglichkeit.

Das Fixieren selbst kann natürlich auch extra trainiert werden (zum Beispiel für Blutabnahmen, wo der Hund ja nicht einfach gehen kann).

Du siehst, es gibt immer einen Unterschied zwischen Notfall, wo wir die Situation so angenehm wie möglich machen, aber auch mal in die Überforderung rutschen können, und Training, wo wir wirklich auf das Wohlbefinden und das langfristige Vertrauen unserer Hunde achten.

Was wirklich ein Notfall ist, kann im Zweifel auch der Tierarzt oder Verhaltenstrainer (je nachdem, um welchen Fachbereich es geht) beantworten. Das Gleiche gilt auch für unser nächstes Thema.

Mutige Alleinebleiber

Zwar lasse ich Welpen noch nicht stundenlang allein, es ist aber durchaus sinnvoll, mit den Übungen schon jetzt zu beginnen.

Zuallererst braucht dein Welpe das Verständnis, dass er sich auch ohne deine Hilfe sinnvoll beschäftigen kann.

Hierzu können verschiedene Spielzeuge, Kauobjekte und Artgenossen (falls vorhanden, bitte nicht extra adoptieren) verwendet werden. Wir sind also wieder beim Verhaltensrepertoire.

Bestimmt hat dein Welpe im Alltag schon ab und zu doofe Ideen wie zum Beispiel, an deinen Schuhen zu kauen.

Verbieten wir so etwas einfach nur stumpf, verringern wir das Repertoire und das lösungsorientierte Denken unserer Hunde. Das kann dazu führen, dass sie von kleinsten Herausforderungen total überfordert sind und ohne unsere Hilfe gar nichts mehr können.

Ich erinnere mich an einen Fall, bei dem ein Hund seine Menschen völlig frustriert angebrüllt hat, nur weil ein Knochen vom Sofa gefallen war.

Er hatte für dieses Problem absolut keine Lösung parat und kam auch nicht auf die Idee, etwas auszuprobieren. Vom Sofa springen und den Knochen aufheben? Absolut unmöglich.

Um so etwas zu vermeiden, stellen wir unseren Hunden Alternativen zur Verfügung (also Schuhe sind weiterhin verboten beziehungsweise einfach unerreichbar, dafür gibt es Kauhölzer) und kleine Challenges, wie Schachteln mit Keksen drin, die sie sich selbstständig erarbeiten können.

So schulen wir das Problemlöseverhalten und die Frustrationstoleranz ganz nebenbei.

Beides brauchen wir fürs Alleinbleiben und ganz allgemein im Alltag.

Dann beobachte ich gerne, was mein Hund macht, wenn ich mich zum Beispiel mit meiner Arbeit befasse. Kann er sich selbst beschäftigen oder braucht er ständig Input von mir?

Kommt er gut alleine zurecht und hat bereits eine Ruhezone (ein Plätzchen, das mit Entspannung verknüpft ist), kann die Trennungsübung beginnen.

Habt ihr weitere Gegenstände oder Orte, die mit Entspannung verknüpft sind, sollte dein Hund während der Trennungszeit unbedingt Zugang dazu haben. Du kannst auch getragene Kleidung von dir herumliegen lassen, damit dein Welpe deinen Geruch (und damit die Verknüpfung mit Wohlbefinden und Sicherheit) intensiver wahrnimmt.

Such dir am besten eine Zeit aus, in der gerade alle Bedürfnisse (Beschäftigung, Toilettengang, Mahlzeit) gestillt sind, dein Hund also bereit für ein Schläfchen wäre, aber noch nicht eingenickt ist.

Du kannst zum Start der Übung einen bestimmten Gegenstand (zum Beispiel eine Kamera, die brauchst du sowieso) aufstellen, sodass dein Hund weiß, was passiert.

Dann folgst du deinem üblichen Ablauf, wenn du das Haus verlässt, und beobachtest deinen Welpen ganz genau.

Gibt es einen Moment, wo er hektisch, unsicher oder gar ängstlich wird? Das erkennst du gut an Stressfalten im Gesicht, Schuppen im Fell, vermehrtem / vermindertem Hecheln, Speicheln, Veränderungen in der Rutenhaltung und Ohrenstellung, schwitzigen Pfotenabdrücken, Hin- und Herlaufen, Übersprungshandlungen wie zum Beispiel sich kratzen oder in irgendwas beißen. Erkennst du so eine Veränderung in deinem Welpen, weißt du, wo die Grenze für deine Übung liegt. In den nachfolgenden Trainingsschritten gehst du also nicht bis zu dieser Grenze und streifst sie nur im letzten Schritt.

Zeigt dein Hund Stress, wenn du dich anziehst, halte genau fest, bei welcher Aktivität du die Anzeichen erkannt hast, und schreib dir alles auf, was du festmachen konntest (das sind „Trigger"). Manche Hunde beginnen beim Schuheanziehen, manche schon, wenn wir Kaffee trinken oder das letzte Mal auf die Toilette gehen. Wiederhole das Experiment an einem anderen Tag ohne Anziehen (steck eventuell den Schlüssel schon einige Zeit vorher in die Hosentasche und platziere Schuhe vor der Tür, sodass du dann einfach rausgehen kannst, ohne etwas einzustecken oder anzuziehen).

Wie viele Schritte konntest du dich vom Haus entfernen, bevor du Anzeichen von Stress gesehen hast?

Auch dieser Test gibt dir die Grenze für dein Training.

Hast du diese Grenzen festgelegt, kannst du die Trainingseinheiten planen.

Für erwachsene Hunde übe ich gerne etwa 20 Minuten lang einmal am Tag. Bei Welpen etwa 5 – 10 Minuten ein- bis dreimal am Tag (je nachdem, wie entspannt der Welpe die Übung sieht).

Diese Trainingseinheiten beginnen bei den meisten Hunden mit Aufwärmen. Hierbei gehst du nicht annähernd an die Grenze. Wenn dein Welpe also im Test geschafft hat, dass du dich fünf Schritte von der Tür weg (außer Haus) bewegt hast, gehst du beim Aufwärmen also eher nur zur Tür.

Jede Wiederholung beginnt aus einer sitzenden Position, in der dein Welpe nicht kuscheln kommt (beispielsweise am Schreibtisch), und endet mit einer Pause zwischen 60 und 90 Sekunden.

Sowohl die Wiederholungen als auch die Pausen sollten vollkommen durcheinander sein, sodass dein Hund kein Muster erkennen kann (sie sind darin genauso meisterlich wie wir).

Bist du bei der letzten Wiederholung angelangt, gehst du an die Grenze deines Hundes, aber nicht darüber hinaus.

So könnte so eine Trainingseinheit aussehen, wenn die Grenze deines Hundes „Einen Schritt von der Tür weggehen" ist.

- Zur Tür gehen, gleich zurück
- 60 Sekunden Pause
- Zur Tür gehen, gleich zurück
- 60 Sekunden Pause
- Zur Tür gehen, aufmachen, bis 2 zählen, zurück
- 80 Sekunden Pause
- Zur Tür gehen, gleich zurück
- 80 Sekunden Pause
- Zur Tür gehen, bis 10 zählen, zurück
- 60 Sekunden Pause
- Zur Tür gehen, bis 7 zählen, zurück
- 70 Sekunden Pause
- Zur Tür gehen, auf-/zumachen
- 70 Sekunden Pause
- Zur Tür gehen, bis 3 zählen, zurück
- 80 Sekunden Pause
- Zur Tür gehen, rausgehen, gleich zurück
- 60 Sekunden Pause
- Zur Tür gehen, bis 5 zählen, zurück
- 80 Sekunden Pause
- Zur Tür gehen, auf-/zumachen
- 90 Sekunden Pause
- Zur Tür gehen, bis 10 zählen
- 60 Sekunden Pause
- Zur Tür gehen, auf-/zumachen
- 70 Sekunden Pause
- Zur Tür gehen, auf-/zumachen
- 60 Sekunden Pause
- Zur Tür gehen, auf-/zumachen
- 70 Sekunden Pause
- Zur Tür gehen, bis 10 zählen
- 80 Sekunden Pause
- Zur Tür gehen, gleich zurück
- 70 Sekunden Pause
- Rausgehen, Tür schließen, einen Schritt gehen, zurück

Remember me

Meist wird unter „kleinschrittigem Aufbau" verstanden, dass der Welpe sofort zum Müll runterbringen alleingelassen wird. Das ist zu lange. Zwar kann das funktionieren, wenn dein Welpe ohnehin keinen Trennungsstress entwickelt hätte, dieses Lotteriespiel ist allerdings zu riskant.
Bau's lieber von Anfang an vernünftig und wirklich kleinschrittig – wie beschrieben – auf, dafür brauchst du nachher nicht deutlich länger ausbessern.

Beim Welpen könnten wir dieses Paket einfach aufteilen und den letzten Schritt in jedes Paket einbauen, sodass wir auf ein bis drei Trainingseinheiten mit fünf bis zehn Minuten am Tag kommen.

Merkst du, dass dein Hund immer neugierig angelaufen kommt, wenn du länger an einem Fleck stehst, kannst du die Wiederholungen mit dem Zählen auch durch mehrere ersetzen, bei denen du zur Tür und gleich wieder zurückgehst.

Die nächste Trainingseinheit hat dann wieder eine andere Reihenfolge, denn wir wollen auch hier kein Muster erzeugen.

Mit der Zeit wirst du merken, dass dein Hund bei der letzten Wiederholung immer entspannter wird. Dann kannst du ein Schrittchen weitergehen.

Hat er allerdings mal einen schlechten Tag und zeigt schon während der Einheit Stress, kannst du abbrechen und am nächsten Tag weitermachen.

Viele Hunde gehen einmal zur Tür nachsehen, ob ihr Mensch wirklich weg ist. Zeigt dein Hund dabei keine Stresszeichen, brauchst du nicht abzubrechen.

Die Verabschiedung und Begrüßung kannst du schon während des Übens einbauen. Bestenfalls ist sie halbwegs ruhig und entspannt und immer gleich.

Bist du dann etwa bei 20 Minuten außer Haus angelangt, kannst du damit beginnen, einzelne Kleidungsstücke oder Gegenstände (wirklich immer nur eins pro Einheit) einzubauen. Das führt dazu, dass dein Hund den Gegenstand in das Schläfchen-Spiel mit einbezieht.

Geht dein Hund in der Übungszeit herum, beschäftigt sich selbst (du kannst auch sichere Gegenstände dafür geschickt dort platzieren, wo dein Hund sich bewegt, zum Beispiel zwischen Liegeplatz und Tür), oder macht irgendetwas, das er auch sonst tut, ist das vollkommen in Ordnung.

Bei diesem Übungsaufbau lernt dein Hund, dass es ganz normal ist, wenn du das Haus verlässt.

Er sollte sich vollkommen normal verhalten. Es ist also alles okay, was er auch in deiner Anwesenheit macht. Das gilt auch für das Bellen bei Geräuschen von draußen oder wenn es an der Tür klingelt. Solange dein Hund das auch sonst macht, ist es nicht unbedingt ein Zeichen für Trennungsstress.

Verhält er sich dagegen anders, mehr oder weniger (manche Hunde verfallen in Apathie), ist das ein Zeichen dafür, genauer hinzuschauen.

Merkst du, dass dein Hund keine Fortschritte macht oder immer wieder in den Stress fällt, ist eine Beratung bei einem spezialisierten Verhaltensberater sinnvoll, um den Grund zu finden und eine passende, individuelle Strategie auszutüfteln.

Der wichtigste Grundsatz beim Alleinbleib-Training lautet: „Wir gehen nicht über Grenzen und probieren nichts aus."

Das bedeutet, dass wir einen Hund, der zwanzig Minuten gerade gut schafft, nicht plötzlich drei Stunden alleinlassen und hoffen, dass es gut geht. Beim Welpen probieren wir auch nicht einfach aus und hoffen, dass das Weinen von selbst aufhört.

Alles, was dein Hund noch nicht schafft, könnt ihr durch Sitter, Familie, Huta, Pension, Dog Sharing und so weiter abdecken. Gerade auf Welpen passen doch immer wieder gerne Menschen auf.

Müllschlucker – Natürlich, aber gefährlich

Hunde sind natürlicherweise Scavenger. Eine wirklich gute deutsche Übersetzung fehlt dafür leider, aber wir könnten „Sammler" sagen.

Straßenhunde, also die meisten Hunde weltweit, suchen sich ihre Nahrung aus menschlichen Abfällen, Latrinen und dem, was ihnen zur Verfügung gestellt wird (zum Beispiel Schlachtabfälle oder Reste aus Restaurants).

Es ist also ganz normal für einen Hund, Essbares unterwegs als kleinen Snack zu inhalieren. Bei Welpen kommt dann noch dazu, dass sie über ihr Maul erkunden. Sie nehmen also alles in den Mund.

Leider kann das in unserer modernen Gesellschaft allerdings auch übel ausgehen, wenn unsere Hunde etwas Ungenießbares oder gar Giftiges erwischen.

Deshalb macht es Sinn, dem Welpen schon beizubringen, uns Menschen zu zeigen, was sie gefunden haben, und auch mal etwas auf Signal auszuspucken.

Hat dein Welpe noch eine neutrale bis positive Erwartungshaltung, wenn du dich ihm und seinen Schätzen näherst (beschäftigt sich also entspannt weiter damit oder schaut sogar freudig zu dir auf), kannst du einfach ab und zu den Namen sagen, etwas Tolles zusätzlich anbieten, den Schatz untersuchen und wieder gehen.

Dein Welpe sollte immer freudiger auf deine Annäherung reagieren.

Ist das nicht der Fall, braucht ihr ein Ressourcentraining. Das findest du weiter hinten im Buch.

Das Ausspucken ist schon etwas kniffliger, aber auch das haben Hunde mit neutraler bis positiver Erwartungshaltung oft schnell heraus.

Wir beginnen so einfach wie möglich, um schnell Erfolge zu feiern.

Du brauchst ein paar Kekse und deinen Hund. Der hat noch nichts im Mund.

Sag jetzt einfach dein neues Wort für Ausspucken, zum Beispiel „Drop", und wirf ein paar Kekse auf den Boden. Dann kannst du mit deinem Hund gemeinsam auf die Suche nach den Keksen gehen. Zeig ihm die einzelnen Stückchen, sodass er auch deine Hand nicht als Gefahr wahrnimmt.

Dieses Spielchen könnt ihr gern an mehreren Orten und immer mal wieder spielen, sodass dein Welpe sich schon riesig freut, wenn du das Wort sagst.

Klappt das gut, kannst du dazu übergehen, deinem Welpen ein Spielzeug oder das Kauholz hinzuhalten und etwas darauf herumkauen zu lassen (dabei festhalten).

Dann sagst du das Wort und wirfst.

Dein Welpe bekommt das Spielie / Holz jederzeit zurück.

Gerade anfangs ist es wichtig, dass dein Welpe nicht das Gefühl hat, durch dieses Spiel etwas zu verlieren. Andernfalls könnten wir uns ein Ressourcenthema einbauen, das den Prozess verzögert.

Läuft alles entspannt, kannst du das Spielie / Holz auch mal ganz wegnehmen. Und wenn auch das an verschiedenen Orten und zu verschiedenen Zeiten gut

Ben nimmt Menschen gar nicht als Bedrohung wahr.

klappt, dann lässt du das Spielie los, wechselst auf einen Kauartikel und danach auf echte gefundene Dinge. Ihr spielt euch also Schrittchen für Schrittchen zu den Realsituationen vor.

Bis das richtig gut sitzt, kannst du deinen Welpen draußen auch einfach mit einer richtig großen, tollen Belohnung davon überzeugen, etwas abzugeben, was er wirklich nicht haben soll, und ansonsten gut aufpassen. Bis auf tatsächlich Essbares (aus Hundesicht) verwächst sich das Aufnehmen von ungenießbaren Dingen im Normalfall.

Bleibt es allerdings, empfehle ich dir einen Gang zum Tierarzt und Spaziergänge mit Maulkorb. Das kann auch bei übermäßigem Suchen nach Fressbarem sinnvoll sein. In dem Fall, und wenn in eurem Gebiet Giftköder gehäuft vorkommen, bietet sich dann auch ein gezieltes Anti-Giftköder-Training an, wobei dein Hund lernt, Fressbares anzuzeigen.

Nix mit „kleines Malheur"

Bei der Stubenreinheit gilt dasselbe wie bei allen Welpen. Achte auf das Verhalten deines Hundes und bring ihn nach jedem Essen, Schlafen, Trinken, Spielen und wenn er „auffällig" wird, raus.

Bringst du deinen Welpen zum Wasserlassen nach draußen, passiert draußen nichts (kein Spiel, keine Signale, warte einfach ab), bis sich dein Welpe entweder erleichtert oder einschläft.

Spaziergänge sind für Welpen, wie schon beschrieben, nicht geeignet. Die Menge an Reizen ist noch zu viel für deinen Welpen und er vergisst dabei, dass eigentlich die Blase drückt.

Ich bin ein großer Fan davon, dem Hund auch den Garten für das Geschäft zur Verfügung zu stellen. Das bietet den Vorteil, dass er nicht jedes Mal angezogen werden muss (und du auch nicht, denn du kannst einfach die Tür aufmachen), und falls er sich mal einen Infekt einfängt und mit Durchfall kämpft, muss es schnell gehen. Da ist der Garten einfach superpraktisch.

Die Häufchen kannst du dann regelmäßig einsammeln und dabei merkst du vielleicht, dass dein Hund bevorzugte Plätze wählt, die du dann barfuß vermeiden kannst.

Ein eigener Löseplatz (also quasi die Hunde-Toilette) im Garten oder in der Nähe des Hauses ist auch eine Option, um deinen Welpen beim Rausbringen an sein Geschäft zu erinnern.

Es gibt allerdings Hunde, die nicht gerne dort hinmachen, wo es schon stinkt. Der Löseplatz muss daher ausreichend groß und bewittert sein (oder gereinigt werden). Aber Achtung! Manche Hunde sind sehr regenscheu. Sie möchten bei Regen überhaupt nicht rausgehen und würden dann lieber platzen, als freiwillig nass zu werden. Dann ist eine überdachte Lösestelle äußerst praktisch.

Der Boden sollte für deinen Welpen angenehm sein (du merkst das, indem du schaust, wie locker er darüber läuft).

Möchtest du, dass dein Welpe lernt, sich auf unterschiedlichen Untergründen zu lösen, kannst du ihn schon jetzt auf diesen absetzen und warten.

Der Erfolg hat allerdings auch sehr viel damit zu tun, was dein Welpe in den ersten Wochen kennengelernt hat, und manche Hunde mögen sich einfach nicht auf bestimmten Untergründen (zum Beispiel Asphalt) lösen.

Eine Hiobsbotschaft habe ich allerdings an dieser Stelle für dich. Selbst bei der besten Vorbereitung und wirklich toller Beobachtung passieren allen Welpenfamilien Missgeschicke. Erwischt du deinen Welpen dabei, dass ein Geschäft in der Wohnung landet, lass ihn bitte fertig machen und hebe ihn nicht mitten in der Notdurft hoch. Das ist sehr unangenehm und kann dazu führen, dass sich dein Welpe ab sofort vor dir versteckt, um das Geschäft zu verrichten. Was durchaus sehr unpraktisch wird, wie du dir sicher vorstellen kannst.

Verbuche dieses Missgeschick (und auch jedes andere, wie Zähne an Möbelstücken) einfach als Hoppala und beim nächsten Mal wirst du die Anzeichen wiedererkennen und deinen Hund rausbringen können.

Beobachtest du deinen Hund beim Wasserlassen, erkennst du eventuell mit der Zeit eine Veränderung in seinem Verhalten (je größer der Hund, desto später stimmt meistens).

Zum Geschäft kommt bei vielen Hunden ein Markieren, und beim Rüden sehen wir zusätzlich das Beinchenheben. Meist entwickeln sich zur gleichen Zeit mehr Neugier und Forscherdrang. Dein Hund möchte die Welt erkunden, bewegt sich jetzt auch lieber von zu Hause weg und geht die ersten Runden neugierig spazieren.

Die ersten Veränderungen beginnen jedoch schon mit dem Zahnwechsel und sind ein guter Anhaltspunkt, dass die Pubertät jetzt begonnen hat.

Hebt dein Rüde das Beinchen (außer er hat sich das vom erwachsenen Rüden früher abgeschaut) oder deine Hündin erlebt ihre erste Läufigkeit, habt ihr die Adoleszenz erreicht. Aber Achtung, das Beinchenheben kann bei unsicheren Hunden und körperlichen Einschränkungen ausbleiben, und manche Hündinnen erleben eine „stille" Läufigkeit (also ohne Ausfluss / Blutung). Eine Tierärztin kann dich dabei beraten.

Die Pubertät … Horror oder Comedy?

Diese Phase zieht sich bei groß werdenden Hunden deutlich länger als bei ihren kleineren Artgenossen. Wie so oft brauchen sie einfach ein bisschen länger.

Und du eventuell gute Nerven.

Die Pubertiere haben schon eine unglaubliche Kraft, können ihren verrückt wachsenden Körper oft noch schlechter koordinieren als im Welpenalter und haben etwa die Aufmerksamkeitsspanne einer Fliege. Alles ist spannend, die Konzentrationsfähigkeit eher begrenzt, und sie sind schnell überfordert.

Hier zahlt sich jetzt aus, wenn du mit deinem Welpen durch Koordinations- und Balanceübungen ein gutes Körpergefühl geübt und Signale besonders lohnend aufgebaut hast. Trotzdem kann es passieren, dass dein lieber, braver Welpe über Nacht unter plötzlichem, hormonell bedingtem Gedächtnisverlust leidet und du wieder besser auf ihn aufpassen musst.

Hinzu kommt, dass die meisten starken Hunde sehr viel Eigenständigkeit mitbringen, die sich in der Pubertät so richtig entfaltet.

Meine Devise bei Pubertieren lautet grundsätzlich: Macht euch das Leben gemeinsam leicht.

Du musst nicht um irgendeine Rangposition kämpfen oder irgendwelche Machtspielchen ausfechten.

Es ist ähnlich wie bei menschlichen Teenies. Eigentlich wollen sie die große Welt erkunden und so wenig wie möglich eingeschränkt werden. Doch wenn es hart auf hart kommt, ist Papas Hilfe, Trost und Beistand sehr wichtig für die sensible psychische Gesundheit.

Dein Hund hat einfach gerade ein Hirn im Umbau und gleichzeitig viele neue Interessen.

Damit du trotzdem spannend bleibst und dein Pubertier gerne mit dir zusammenarbeitet, kannst du die Situationen so gestalten, dass ihm die Entscheidung möglichst leichtfällt und ihr einfach Spaß haben könnt.

So übe ich gerne altbekannte Dinge mit mega guter Belohnung dort, wo möglichst wenig los ist, anstatt mich über die Haupt-Pinkelstrecke der ganzen Stadt zu kämpfen und mich dann zu wundern, warum mein junger Rüde lieber Urin schleckt, als zu mir zu schauen (das ist übrigens ein für uns ekliges, aber für Hunde ganz normales Verhalten, denn sie checken darüber den Hormonstatus und andere Infos des anderen Hundes, ähnlich unserem Social-Media-Feed).

In dieser Zeit reduziere ich auch gerne die Hundetreffen auf die schon bekannten Freunde und ruhige, erwachsene Hunde, die gut mit Pubertieren umgehen können. Bei den Treffen mit Freunden kann es nötig sein, die wild spielenden Jungspunde häufiger zu bremsen und zu ruhigeren Aktivitäten mit dir (zum Beispiel Suchspiele) einzuladen. Sie können in dieser Zeit einfach schlechter einschätzen, wann sie eine Pause brauchen und wann sie einfach übertreiben.

Bei Treffen mit älteren Hunden ist besondere Vorsicht geboten, denn die jungen Wilden verhalten sich oft rüpelhafter und körperlicher gegenüber Artgenossen. Das kann einem gebrechlichen Hund schnell zu viel werden, und auch gesunde Hunde mögen ungebremste Bulldozer oft nicht besonders.

Wir Menschen spielen also die Schiedsrichter für unsere Hunde, sodass die Treffen für alle Beteiligten positiv ablaufen.

Zudem messen sich gleichgeschlechtliche Tiere gerne ein bisschen untereinander, und verschieden geschlechtliche Artgenossen wollen „gut dastehen" voreinander. Wir können also viel Imponierverhalten beobachten, das wir eventuell umlenken müssen, um Streit zu vermeiden.

Das kann ganz schön anstrengend sein!

Deshalb darf nach solchen aufregenden Treffen ausreichend Ruhe nicht fehlen.

Diese zusätzliche Ruhe brauchen die Pubertiere auch in der Zeit der Läufigkeit. Und zwar beide Geschlechter.

Hündinnen erleben zum ersten Mal eine intensive, teilweise auch schmerzhafte Veränderung im Körper, sie brauchen die Gelegenheit, sich zu putzen und mit diesen Veränderungen umzugehen (ich rate daher von Höschen ab und verwende lieber Inkontinenzunterlagen und entferne Teppiche während der Läufigkeit).

Rüden hingegen erleben plötzlich unglaublich interessante Gerüche und ein starkes Bedürfnis, diesen Gerüchen zu folgen. Manche von ihnen haben große Schwierigkeiten, mit diesen Verlockungen umzugehen, und brauchen besonders intensive Unterstützung.

Solltest du das Gefühl haben, diese Zeit ist für dein Pubertier unerträglich, frag bei einem Verhaltenstierarzt (unbedingt Verhaltenstierarzt, nicht der Haustierarzt) nach, denn es gibt verschiedene Optionen (zum Beispiel Nahrungsergänzungsmittel), um ihm diese Zeit zu erleichtern.

In der Pubertät sehen wir auch oft die ersten Anzeichen rassetypischer Verhaltensweisen. Merkst du etwas, das du so gering wie möglich halten möchtest (zum Beispiel Territorialität), erinnere deinen Hund schon jetzt daran, dass es Vorteile hat, wenn er sich anders verhält oder etwas mit dir gemeinsam macht. Du bist die Stütze für deinen Hund und du erklärst ihm freundlich, wie er ein entspanntes Leben in deiner Menschenwelt haben kann.

Das kann auch notwendig sein, wenn dein Hund plötzlich nicht mehr alleinbleiben kann. Auch wenn das beim Welpen mit kleinschrittigem Aufbau super geklappt hat, gibt es in der Pubertät oft große Rückschritte, denn die erhöhte Reizbarkeit und der höhere Stresspegel führen bei vielen Hunden dazu, dass sie damit nicht allein sein möchten und ihre Bezugsperson brauchen.

Dann geht das Training leider wieder von vorn los.

Ein Stressabbau eignet sich super als Einstieg, denn wie wir gesehen haben, haben die Hunde jetzt viel zu verarbeiten und umzulernen, und das führt auch zu einem höheren Stresspegel.

Du siehst, die Pubertät kann anstrengend sein und deshalb ist alles erlaubt, was dir eine gewisse Leichtigkeit und Lockerheit ermöglicht. Es ist vollkommen okay, mal jemanden zum Aufpassen zu organisieren und einem Hobby nachzugehen oder einfach einen schönen Abend außer Haus zu verbringen. Der Abstand hilft oft, Energiereserven wieder aufzuladen und mit neuem Elan in den Alltag zurückzukehren.

Vergiss nicht, die Phase geht vorbei und ehe du dich versiehst, ist dein Jungspund erwachsen geworden und zeigt sein Wesen in vollem Umfang.

Der Wächter und Beschützer – alles meins, oder was?

Besonders viele Rassen unter den starken Hunden wurden von uns Menschen im Laufe ihrer Zuchtgeschichte speziell für das Bewachen von Hab und Gut (oder Leib und Leben) selektiert.

Paradebeispiele hierfür sind der Cane Corso und die meisten Herdenschutzhunde. Sie sollten also etwas oder jemanden vor Fremden verteidigen und somit grundsätzlich skeptisch bleiben, wenn sie jemanden nicht kennen.

Und so schön das „Beschützen" klingt, es ist nichts anderes als klassische Ressourcenverteidigung, die wir oft in Zusammenhang mit Problemverhalten hören. Genau genommen zeigt jedes Lebewesen Ressourcenverteidigung, es ist also normales Verhalten (wofür haben wir schließlich Türschlösser und Zäune?). Nämlich immer dann, wenn ihm etwas oder jemand besonders wichtig ist und er Angst hat, dieses Objekt oder Individuum an jemand anderen zu verlieren.

Ein einfaches Beispiel ist die Eifersucht in menschlichen Beziehungen. Die Beziehungspartner sind einander wichtig und wenn einer oder beide auch nur die geringste Angst haben, den Partner an jemand anderen zu verlieren, macht sich das Gefühl der Eifersucht breit.

Dasselbe sehen wir auch, wenn Hunde ihre Menschen als Ressource vor anderen Hunden oder auch Menschen (oder anderen Tieren) verteidigen. Sie schieben sich dazwischen, springen den Fremden an, bellen oder zeigen sogar Aggressionsverhalten.

Das ist dann der Punkt, wo viele von „beschützen" reden. Und obwohl manche Rassen eher zu diesem Verhalten neigen, sind wir Menschen all unseren Hunden, unabhängig von der Rasse, sehr wichtig.

Immerhin sind sie von uns abhängig. Wir haben schon besprochen, dass wir alles im Leben unserer Hunde bestimmen.

Den Menschen zu behalten, ist also aus Hundesicht überlebenswichtig.

Das macht sich auch so mancher Schutzsport-Trainer zunutze. Ist ein Hund zu ängstlich, um zu beißen, wird der Mensch bedroht und der Hund überwindet diese Angst.

Auch wenn ich von dieser Art des Trainings nichts halte, ist es eine interessante Erkenntnis.

Bleiben wir aber noch einen Moment bei den Rassen, die züchterisch auf das Verteidigen von Hab und Gut vorbereitet wurden.

Das heißt natürlich nicht, dass jeder Cane Corso Ressourcen verteidigt, keinesfalls aber ein Chihuahua. Wie überall im Leben gibt es Ausnahmen, und Genetik ist immer nur die halbe Wahrheit. Eine enorm wichtige Rolle im Auftreten und in der Intensität eines Verhaltens (egal welches) hat immer der Erfahrungsschatz des einzelnen Tieres.

Wächst also ein Wächter sicher, geborgen und behütet auf, lernt Zeit seines Lebens alles Fremde im positiven Kontext kennen und hat Menschen an der Seite, die ihm helfen, tritt das Verhalten eventuell gar nicht auf.

Prävention – nachher ist man immer schlauer?

Wir können dem Ganzen also gut gegensteuern. Hierbei ist wichtig, im präventiven Training auf das Wohlbefinden des Hundes zu achten (wie auch sonst im Leben) und seine Signale (Einfrieren, Beschwichtigen, schneller / langsamer essen, den Körper über / vor die Ressource bringen, die Ressource wegtragen, die Gefahr anschielen …) bereits früh lesen zu können.

Schon dem Welpen ständig in den Futternapf zu grapschen oder ihn wegzunehmen, hat also keine präventive Wirkung und fördert eher Ressourcenverteidigung. Was mir ständig streitig gemacht wird, ist mir ja nie sicher und ich muss ständig Angst haben, es zu verlieren.

In Bezug auf das Futter kannst du stattdessen beiläufig mal im Vorbeigehen nett mit deinem Welpen reden oder auch mal etwas besonders Leckeres neben den Napf fallen lassen. Die meiste Zeit kann dein Hund allerdings einfach in Ruhe essen.

Du wirst bei dieser Art des Trainings merken, dass dein Welpe freudig auf dein Näherkommen oder deine Ansprache reagiert.

Hast du das erreicht, kannst du auch mal neugierig zum Napf hingehen und ihn anfassen.

Verliert dein Hund auch nur ein kleines bisschen Freude, unterbrichst du die Annäherung und gibst lieber wieder etwas Leckeres dazu.

Genau gleich verhält es sich mit anderen Gegenständen, die deinem Hund wichtig sind. Häufig findet sich darunter Spielzeug, etwas Geklautes oder auch die Näpfe.

Zeigt dein Hund noch keine Tendenzen, etwas zu verteidigen, nimm ihm einfach nichts weg und er wird sich auch nicht dazu verleitet fühlen.

Meist kommt an dieser Stelle der Einwand „ich muss meinem Hund ja auch etwas abnehmen können" und der ist, vor allem beim Welpen, auch berechtigt. Allerdings kann das ganz spielerisch passieren und so, dass dein Hund sich freut, wenn du näher kommst.

Hierzu eignen sich wunderbar Tauschgeschäfte.

Gimli findet Max' Annäherung an den Napf klasse, denn er weiß, es kommt etwas dazu.

Training gegen Ressourcenverteidigung

Start:

Dein Hund befindet sich mit seiner Ressource (falls es sich um etwas anderes als den Liegeplatz handelt) auf seinem Platz (wo er sich wohlfühlt). Du hältst dich in einem Abstand auf, der für ihn noch angenehm ist. Beide haben eine entspannte Körperhaltung und einander wahrgenommen.

Ziel:

Du kannst jederzeit zu deinem Hund gehen und seine Ressource gegen etwas anderes tauschen.

Trainingsschritte:

1. *Sag dein Signal, während du in Wohlfühldistanz stehst, und wirf deinem Hund ein Stückchen Futter zu.*

   ***Tipp:** Nimm besonders gutes Futter hierfür (zum Beispiel Wurst, Käse, Leberkäse ...). Außerdem kannst du dich nach der Futtergabe als zusätzliche Belohnung entfernen. Je näher die Ressource bei dir und je weiter entfernt sie vom Hund ist, desto einfacher ist die Übung. Wiederhole diesen Schritt mit unterschiedlichen Distanzen der Ressource zu dir und zum Hund. Dein Hund sollte freudig auf dein Signal reagieren.*

   Sollte dein Hund diesen Schritt schon zu schwer finden und Anspannung zeigen, kannst du auch einen Zwischenschritt einbauen. In diesem Zwischenschritt übst du mit einem Gegenstand, den dein Hund nicht verteidigt.

2. *Sag dein Signal, warte, bis dein Hund den Kopf hebt und dich in freudiger Erwartung ansieht, wirf dann das Stück Futter.*

   ***Tipp:** Übe auch hier mit unterschiedlicher Positionierung der Ressource.*

3. *Geh einen Schritt näher zu deinem Hund, dann wie Schritt zwei.*
4. *Verringere die Distanz schrittchenweise, bis du direkt bei deinem Hund bist.*

   ***Tipp:** Zeigt dein Hund Anspannung oder gar Drohgesten, warst du zu nahe. Gib ihm dabei dann trotzdem das Futter und entferne dich weiter als vorher.*

5. *Gib deinem Hund das Futter aus der Hand.*

__Tipp:__ Achte hierbei darauf, dass deine Hand mit dem Futter nicht in Richtung Ressource geht. Du kannst auch als Zwischenschritt das Runterbeugen üben und bei der Annäherung beißfeste Schutzhandschuhe nutzen, wenn du nicht zu 100 % sicher bist.

6. *Bewege die zweite Hand (nicht zur Ressource).*
7. *Bewege die zweite Hand Richtung Ressource.*

__Tipp:__ Sei hierbei sehr vorsichtig und beobachte deinen Hund genau. Er soll keine Anzeichen von Anspannung zeigen, sondern freudige Erwartung. Je zögerlicher und seltsamer du dich hier verhältst, desto schwerer ist die Übung. Bist du dir nicht sicher, bleib so lange auf dem vorigen Schritt, bis du ein gutes Gefühl hast. Überhasten lohnt nicht.

8. *Berühre die Ressource kurz*
9. *Nimm die Ressource in die Hand*
10. *Steh mit der Ressource in der Hand auf*
11. *Geh mit der Ressource in der Hand weg*
12. *Warte nun mit der Belohnung bis nach dem Wegnehmen der Ressource.*
13. *Gib deinem Hund nun zur Belohnung etwas Minderwertiges und dann die Ressource wieder.*
14. *Übe an verschiedenen Orten, mit verschiedenen Ressourcen und Wertigkeiten, mit unterschiedlicher Distanz und Annäherungen aus unterschiedlichen Richtungen.*
15. *Übe spontan, wenn dein Hund zufällig etwas hat.*

Wichtig: Dein Hund sollte mit jeder Trainingseinheit freudiger auf dein Signal und deine Annäherung reagieren. Baue unbedingt immer mal wieder dazwischen einfachere Wiederholungen ein. Bis du bei Schritt 15 angelangt bist, dürfen keine Ressourcen zur Verfügung stehen, die dein Hund verteidigen könnte.

Das spontane Üben kannst du super in den Alltag integrieren, wenn du zum Beispiel zufällig an deinem Hund vorbeigehst, kannst du etwas beiläufig fallen lassen oder hinlegen (Futter/Spielzeug …). Vermeide Situationen, in denen dein Hund etwas Gefährliches aufnehmen kann, das du ihm dann abnehmen musst. Gefundene oder neue Dinge haben meist die höchste Wertigkeit und werden deshalb erst gegen Ende des Trainings eingebaut. Erst, wenn er dir in gestellten Situationen in der Nähe der Ressource vertraut, darf dir das passieren. Aber selbst dann ist es ein Einschnitt in dieses Vertrauen und sollte nur im schlimmsten Notfall und so gut wie nie passieren.
Um draußen nicht in so eine Situation zu kommen, ist ein Maulkorb für die Zeit des Trainings (und eventuell darüber hinaus) sinnvoll. Generell kann ein Maulkorb sehr viel Entspannung in die Situation bringen und eignet sich daher oft als Management-Maßnahme. Er muss allerdings gut trainiert werden, sodass ihn dein Hund entspannt trägt und nicht als unangenehmen Fremdkörper wahrnimmt.

Remember me

Ressourcentraining ist knifflig und es gibt viele kleine Zeichen zu beachten. Hol dir lieber früher als später Unterstützung von einem bedürfnisorientierten, spezialisierten Trainer dazu.

Manchmal braucht es allerdings gar kein Tauschgeschäft, sondern einfach eine interessantere Ablenkung und dein Hund lässt den geklauten Gegenstand links liegen. Handelt es sich also nicht um etwas Gefährliches, schau mal, wie dein Hund reagiert, wenn du in einem anderen Zimmer mit einer Tüte oder Zeitung knisterst oder den Kühlschrank aufmachst. Das klappt vor allem bei Hunden, die nicht verteidigen.

In Bezug auf das Territorium (also das Verteidigen des Zuhauses oder eines bestimmten Ortes) kannst du deinem Hund Besuch von Anfang an besonders schmackhaft machen. Eine Möglichkeit besteht darin, ihm immer einen gefüllten (und gefrorenen) Kong oder etwas zu kauen zu geben, sobald jemand vorbeikommt.

Dieser jemand ist zudem sehr höflich deinem Hund gegenüber und verhält sich entspannt. Klappt das gut, sind auch Handwerker später kein Problem mehr.

Verteidigt dein Hund allerdings Futter, ist hierfür ein eigener Raum nötig und eventuell eignet sich auch eine andere Strategie besser, denn der Besuch und die zusätzliche Ressource sind für manche Hunde dann doch zu viel.

Dein Hund muss also lernen, was er in solchen Situationen tun kann, um sich wohlzufühlen. Auch eine höfliche Annäherung deines Hundes an den Besuch kannst du vorbereiten. Hierfür kannst du zum Beispiel das Nasentarget an deiner Hand verwenden, um deinem Hund zu zeigen, wo er hingehen soll. Das ist auch in engen Räumen sehr praktisch und nimmt etwas die Aufregung, weil dein Hund ja mit einer Aufgabe beschäftigt ist. Eine Trainingsanleitung für das Handtarget hatten wir schon im Welpen-Kapitel.

Grundsätzlich belohne ich gerne alles intensiv, was der Hund noch an höflichem Verhalten zeigt.

Ein netter Blick zum Besuch, Jackpot.
Neugieriges Schnüffeln, Jackpot.
Ein Blick zu dir, Jackpot.
Neutrales Herumstehen, Jackpot.

Du siehst, der Hund kann nur gewinnen.

Ist Besuch für deinen Hund besonders herausfordernd, ist es eventuell nötig, schon vor der Haustür zu beginnen und ihm erst einmal zu erklären, dass dieser neue Mensch positiv für ihn ist.

Auch hier arbeite ich mit Belohnungen und allem voran mit der Distanzvergrößerung. Ich lasse dabei entweder den Hund oder auch den Besuch etwas weggehen, wenn der Hund das macht, was ich gerne

Die Jackpot-Belohnung

Je mehr du mit deinem Hund mit Futterbelohnungen übst, desto mehr wird dir auffallen, was er besonders gerne mag und was ihn eher weniger begeistert.
Ein Jackpot befindet sich auf dieser Skala bei „DEAR LORD!! Wo ist das denn hergekommen?“.
Es ist also etwas, das deinen Hund so richtig vom Hocker haut.
Die Augen müssen beim Präsentieren mindestens doppelt so groß werden. Dann hast du einen Jackpot gefunden.
Anders gesagt: Die Wertigkeit der Belohnung ist für deinen Hund besonders hoch.

Das erreichen wir entweder dadurch, dass das gewählte Futter (alternativ auch ein bestimmtes Hobby, das du mit einer Geste oder einem Gegenstand anstimmst – beispielsweise losläufst oder einen Ball zum Suchen auspackst) besonders lecker und selten ist.
Oder aber du bietest extra viel an.
Oder beides.
Grundsätzlich ist Neues und Seltenes meist spannender als Bekanntes.
Die Fleischration der Mahlzeit, die es auch sonst im Training gibt, wird also nur dann zum Jackpot, wenn du deinem Hund eine ganze Handvoll davon anbietest (und selbst dann muss es noch nicht ausreichen … der Hund entscheidet über die Wertigkeit).
Bietest du dagegen plötzlich Stinkekäse (Quargel beispielsweise) an, sieht die Sache vielleicht schon anders aus.
Achtung: Manche Hunde müssen Neues erst mal kosten. Sie nehmen es ein paarmal in den Mund und spucken es wieder aus, bevor sie entscheiden, ob es genießbar ist oder nicht.

Ein Jackpot verliert ebenfalls an Wertigkeit, wenn du ihn zu häufig einsetzt. Überleg dir also gut, was dir besonders wichtig ist.
Meist ist es auch der Moment, wo wir eigentlich nicht geglaubt hätten, dass etwas klappt (und eigentlich hätten wir dann das Signal erst gar nicht geben sollen).

Du kannst es dir so vorstellen: Ein Ferrari ist besonders teuer. Aufgrund der Herstellung, der verwendeten Materialien und weil es wenige davon gibt. Hätte jeder zweite Autobesitzer einen Ferrari in der Einfahrt stehen, wäre der Wert deutlich geringer. Genauso verhält es sich mit den Jackpot-Belohnungen. Besonders bleibt nur besonders, wenn es selten ist.

einüben möchte. Das nimmt etwas von der Spannung aus der Situation und verschafft zusätzlich ein Gefühl der Erleichterung. Der Hund bekommt also zwei Belohnungen in einem.

Genauso verhält es sich auch mit dir als Ressource. Auch hier kann dein Hund skeptisch anderen Tieren (und Menschen) gegenüber sein. Um ihm die Annäherung also einfacher zu machen, kannst du deinem Hund sagen, was du gerne von ihm hättest, und ihn dafür ausgiebig belohnen. Handelt es sich um andere Hunde und du befürchtest Streit um Futter, kann die Belohnung auch ein Lob sein, sofern dein Hund entspannt ist und so eine Belohnung ausreicht. Auch das Weggehen vom anderen Tier ist oft eine super hochwertige Belohnung.

Das Handtarget kann dir auch dabei helfen, deinen Hund auf eine bestimmte Position zu begleiten, sodass er sich zum Beispiel nicht zwischen dich und den anderen Hund stellen kann. Hierbei ist wichtig, dass die Situation für deinen Hund noch machbar ist. Verlangst du zu viel, wird er das Signal nicht mehr ausführen können und es nutzt sich ab.

Hat dein Hund also noch kein Thema mit Ressourcen und du möchtest präventiv trainieren, achte auf die Wohlfühldistanz zum anderen Hund und auf dessen Temperament. Ich empfehle generell, vereinbarte Treffen mit passenden Hunden einem Hundepark oder einer Hundezone vorzuziehen. So verlaufen Sozialkontakte positiv und dein Hund hat keinen Grund, eine Gefahr in Artgenossen zu sehen.

Zusätzlich kannst du auch ein Namensspiel mit den Hunden spielen, sofern keiner der Hunde Futter verteidigt.

Hierbei überlegst du dir, wo die Hunde jeweils stehen sollen.

Dann leitest du das Spiel ein mit „Das bekommt …", sagst den Namen des Hundes, schaust in seine Richtung, steckst die Hand in die Leckerlitasche und überreichst es dem angesprochenen Hund an genau der Position, wo du ihn hin haben möchtest.

Diese Position bleibt dann immer gleich.

Die Reihenfolge vom Einleitungssatz bis zum Überreichen des Futterstückchens bleibt ebenfalls immer gleich und der Hund, der sich am schwersten tut (zum Beispiel dich als Ressource ansieht), bekommt als Erstes und häufiger als die anderen.

Gimli und Max spielen das Namensspiel zum ersten Mal mit einer neuen Person.

Ressourcenverteidigung – Generelles zum Training

Bist du dir nicht ganz sicher, ob dein Hund eine Ressource verteidigen würde, hilft dir seine Körpersprache dabei, die Situation zu bewerten.

Vergiss dabei nicht, dass dein Hund gute und schlechte Tage haben kann und sich sein Verhalten immer wieder verändert, wie in jedem Lebensbereich.

Die ersten feinen Signale, die dein Hund in Bezug auf Ressourcen zeigen könnte, sind:

- Schnellere oder langsamere Bewegung (zum Beispiel Fressen)
- Zu dir schielen
- Anspannung der Muskulatur
- Körper abducken beziehungsweise anders zur Ressource ausrichten (zum Beispiel vor dem Menschen abblocken)
- Mit einem Ohr immer bei der Gefahr bleiben
- Ressourcen wegtragen an einen sicheren Ort
- Weniger Ruhen und Schlafen in Anwesenheit der Ressource
- Drohverhalten (Knurren, Zähne zeigen, Abschnappen)

Für all diese Signale kannst du deinen Hund gerne belohnen, indem du etwas Positives anbietest und / oder die Distanz zur Gefahr erhöhst (beim Drohen und bei Aggression nur noch durch Distanz).

Das mag dir vielleicht komisch vorkommen, weil man überall hört: „Der Hund hat mich nicht anzuknurren", und es fühlt sich auch bedrohlich an. Doch noch kommuniziert dein Hund, obwohl der Mensch einen Fehler gemacht hat (also die Grenze des Hundes überschritten hat). Wird er hierfür gestraft, heißt das für ihn: „Nett versteht mein Mensch nicht, also muss ich deutlicher werden." Und das wollen wir ja bestmöglich vermeiden.

Erkennst du allerdings schon Tendenzen für Ressourcenverteidigung, ist gezieltes Training notwendig.

Doch bevor das Training beginnen kann, brauchen wir ausreichend Sicherheit in Form von Management und Barrieren. Dabei ist es egal, was dein Hund verteidigt, es gibt keine „schlimmere" Ressource.

Möglichkeiten hierfür können geschlossene Türen, Kindergitter, Leine, Maulkorb oder sogar eine vorübergehende Unterbringung an einem anderen Ort (zum Beispiel, wenn Handwerker ins Haus kommen) sein. Sei dir dabei auch immer bewusst, dass jede Form von Management irgendwann auch mal versagt. Deshalb bin ich lieber auf der sicheren Seite mit mehreren Optionen und zusätzlichem Training.

Am Ende dieses Buches findest du einen Gutschein für den „Maulkorb-Minikurs", mit dem du deinem Hund ein passendes Modell aussuchen und gut antrainieren kannst.

So kann es passieren, dass der Hund, nachdem er den Liegeplatz verteidigt hat und dieser weggenommen wurde, einfach als Nächstes die Ecke, in die er sich dann hinlegt, verteidigt.

Wir brauchen also Training, das dem Hund Sicherheit vermittelt und keine Quickfix-Ideen.

Das verläuft ganz individuell und ist abhängig davon, was, vor wem und in welcher Situation verteidigt wird. So gibt es Hunde, die andere Hunde ohne Probleme auf das eigene Grundstück lassen, den zugehörigen Menschen jedoch nicht.

Andere lassen zwar Menschen rein, weil sie das gelernt haben, diese dürfen sich dann aber nicht mehr bewegen oder nicht mehr gehen.

Für das Training gibt es also ein paar Richtlinien, die für so gut wie alles gelten:

- Dein Hund muss einen Vorteil davon haben, dass sich jemand seiner Ressource nähert (zum Beispiel besonders gute Leckerli während des Fressens).
- Die „Gefahr" darf nicht in den bedrohlichen Bereich eindringen. Verteidigt dein Hund zum Beispiel einen Kauartikel und versteift sich, wenn du bis auf fünf Meter rangehst, beginnt das Training bei mehr als sechs Metern Abstand.

Und manchmal braucht dein Hund auch ein spezielles Verhalten, das ihm die Situation einfacher macht und ihm eine Belohnung einbringt (zum Beispiel hinter dich setzen, wenn ein Besuch aufsteht).

Möchtest du deinem Hund gezielt ein anderes Verhalten beibringen und gleichzeitig positive Emotionen in die Situation bringen, helfen dir ein Markersignal und eine entsprechende Belohnung.

Bei der Belohnung kannst du vorher austesten, was dein Hund gerne mag. Hast du eine passende Belohnung für das Training gefunden und bist in der richtigen Distanz, kannst du noch einige andere Hilfsmittel benutzen.

Sehr praktisch finde ich Targets in verschiedenen Varianten.

Dein Hund kann zum Beispiel lernen, bei Besuch auf einem Bodentarget oder einer Decke neben dir zu entspannen, während der Besuch am anderen Ende des Tisches sitzt.

Bodentarget: So baust du es auf

Start:

Du hältst die Decke in der Hand. Dein Hund sitzt dir gegenüber.

Ziel:

Dein Hund geht auf Signal sofort auf die Decke und wartet dort entspannt auch mit großer Ablenkung bis zur Freigabe.

Calumi freut sich richtig, wenn ich eine Decke ausbreite.

Trainingsschritte:

1. *Breite die Decke seitlich vor dem Hund aus (dreh dich also um 45° links oder rechts vom Hund weg) und locke dann den Hund mit Futter in der Hand auf die Decke. Sind alle 4 Pfoten auf der Decke => Marker + Belohnung.*
   Entlasse deinen Hund danach mittels Freigabesignal + einladender Handbewegung von der Decke.
2. *Der Ablauf bleibt gleich, aber in der Lockhand befindet sich kein Futter mehr.*
3. *Setze das Signal (z. B. „Decke") vor das Locken (direkt davor).*
4. *Lass die Lockhand weg.*
5. *Um die Dauer auf der Decke zu steigern, zögere die Freigabe hinaus. Ablauf wie bisher, nur dass du nach dem ersten Mal Marker + Belohnung eine Sekunde (oder auch nur eine halbe, wenn dein Hund sehr schnell unruhig wird) wartest, bevor du ein zweites Mal Marker + Belohnung nutzt. Danach kommt die Freigabe.*
   Jetzt kannst du die Zeit zwischen den beiden Markern ausdehnen. Bau hierbei immer wieder auch kürzere Wiederholungen ein, um einen schnellen Erfolg zu bekommen und die Motivation hoch zu halten.

6. *Verkürze nun die Dauer wieder und erhöhe die Distanz, aus der du deinen Hund auf die Decke schickst.*

   Tipp: *Die Decke kann bereits liegen. Gib das Decke-Signal direkt neben deinem Hund. Du kannst die Distanz nun ähnlich der Dauer erhöhen. Baue auch hier dazwischen einfachere Wiederholungen ein (also näher an der Decke beginnend), um die Motivation sehr hoch zu halten.*

   Tipp: *Geh mit deinem Hund gemeinsam zur Decke, um Marker + Belohnung zeitnah zu setzen.*

7. *Dauer und Distanz können nun gemeinsam erhöht werden. Wiederhole hierzu den Trainingsschritt 6 und wenn dein Hund auf der Decke ist und du danebenstehst, folgt Schritt 5 (also ein zweiter Marker + Belohnung mit einer Sekunde Verzögerung nach dem ersten).*
8. *Variiere beliebig. (Dauer, Distanz, Position zum Hund)*
9. *Baue Ablenkungen ein.*

   Tipp: *Nimm zuerst Ablenkungen dazu, wenn dein Hund auf der Decke sitzt, und starte mit der einfachsten Ablenkung.*

   Tipp: *Bleib die ganze Zeit neben deinem Hund. Sollte der Hund die Decke verlassen, darf er keinen Erfolg haben (die Ablenkung nicht erreichen). Das gelingt am besten, wenn ihr mit Leine übt und du die Leine anfangs festhältst. Außerdem war diese Ablenkung dann zu schwer, tausche sie gegen eine einfachere aus.*

   Tipp: *Je weiter die Ablenkung weg ist, desto einfacher.*

10. *Jetzt können die Ablenkungen auch schon beim Auf-die-Decke-Schicken eingebaut werden. Beginne auch hier mit der einfachsten und mit großer Distanz zu Hund und Decke. Steigere zuerst den Schwierigkeitsgrad der Ablenkung und verringere dann die Distanz (nie gleichzeitig).*

Wichtig: Wenn die Decke auch an anderen Orten gut funktionieren soll, macht ihr euch das Leben leichter, wenn ihr sie immer mal wieder mitnehmt auf Spaziergänge oder an unterschiedlichen Orten im Haus oder Garten übt. Machst du eine Pause, nimm die Decke weg.

Mit einem Handtarget kannst du ihn draußen und drinnen an verschiedene Positionen im Raum oder um dich bringen, die ihm und allen Beteiligten eine entspanntere Situation ermöglichen, und dein Hund kann sich natürlich an dir anlehnen, wenn ihm das Sicherheit vermittelt.

Remember me

Diese Art des Deckentrainings ist ein Target und kein Entspannungstraining. Es eignet sich also nur bedingt für Restaurantbesuche und Ähnliches.
Möchtest du, dass sich dein Hund auf einer Decke entspannt, müssen dort zuerst immer wieder ausschließlich entspannende Dinge passieren. Dazu zählen Kauen, Schlecken, aktive Entspannung (durch Berührung, sofern dein Hund das mag), Kontaktliegen mit dir oder jemandem, den dein Hund mag, oder einfach ein stinknormales Nickerchen. Legt sich dein Hund von sich aus zum Chillen auf die Decke, hat das mit der Verknüpfung üblicherweise geklappt. Jetzt kannst du beginnen, die Decke auch mal an einem anderen Ort auszubreiten.

Sehen wir uns ein paar Beispiele an, wie das genau aussehen kann.

Du brauchst eventuell mehr oder weniger Aufwand.

Und natürlich verändert sich das Training auch, wenn dein Hund mehrere Ressourcen oder in anderer Vehemenz verteidigt. Deshalb ist bei Ressourcenverteidigung immer eine genaue Verhaltensberatung und Individualität gefragt.

Ein Bodentarget kann auch sehr unterschiedlich aussehen. Hier ein Stein.

Mein Essen!

Du bereitest das Futter für deinen Hund vor, während dieser auf einem Bodentarget wartet. Dann stellst du es in einem anderen Raum ab und holst ihn dazu. Dabei bleibst du in ausreichend Abstand zu deinem Hund stehen, sodass du merkst, dass er entspannt essen kann.

Kannst du aus Sicherheitsgründen nicht im selben Raum bleiben, sichert ein Kindergitter (oder eine Gittertür) den Türbereich ab.

Dann kannst du das Tauschspiel von vorher beginnen.

Ist dein Hund fertig, kommt er zum Kindergitter (weg vom Napf), du lässt ihn raus, gehst in den Raum, machst das Kindergitter hinter dir zu und holst den Napf.

Kann dein Hund das nicht entspannt beobachten, braucht er eventuell eine Beschäftigung (beispielsweise ein gefülltes Futterspielzeug) außer Sicht.

Wir kaufen nix! – Hier wache ich!

Dein Hund hat bereits gelernt, beim Ertönen der Hausglocke in einen Raum zu gehen und sich dort mit einem Kauartikel oder etwas zu Schlecken zu beschäftigen.

Der Raum ist mit einer geschlossenen Tür abgesichert.

Du begleitest den Besuch herein. Sobald dieser sitzt und dein Hund entspannt ist, bringst du ihn dazu. Zur Sicherheit trägt dein Hund einen gut sitzenden Maulkorb, ein Geschirr, und du hast die Leine in der Hand.

Du begleitest deinen Hund zu einem Bodentarget in ausreichend Entfernung zum Besuch und belohnst ihn für ruhiges Wahrnehmen des Gasts.

Dein Hund kann sich hinlegen, sitzen oder stehen bleiben. Belohne deinen Hund immer wieder für entspanntes Verhalten. Auch eine Distanzvergrößerung (Kopf wegdrehen, wegsehen, Körper abwenden) kannst du belohnen.

Möchte dein Besuch aufstehen und dein Hund schafft es nicht, in diesem Abstand dabei zuzusehen, begleitest du ihn wieder in den anderen Raum und gibst ihm eine Beschäftigung. Die Tür wird wieder geschlossen.

Der Türbereich eignet sich üblicherweise nicht zum Entspannen.

Was tun, wenn's klingelt: Ablauf trainieren

Um die Türglocke zum Signal für „geh in diesen Raum und beschäftige dich mit einem Futterspielzeug / Kauartikel“ zu machen, braucht dein Hund eine klare Routine.
Der Ablauf muss also immer gleich sein.
Es läutet => Futterspielzeug + Hund gehen in den Raum.
Damit das klappt, müssen wir wissen, was unsere Startvoraussetzungen sind. Regt sich dein Hund bei der Glocke bereits auf, kann es sinnvoll sein, eine neue Glocke einzubauen und sofort das neue Ritual zu üben (ohne dass ein einziges Mal jemand läutet und dein Hund sich aufregt, bis er automatisch beim Läuten in den Raum geht).
Alternativ können wir auch die Bedeutung der alten Glocke verändern. Das dauert allerdings erfahrungsgemäß länger.
Willst du dich daran wagen, brauchst du eine Aufnahme der Glocke und Futter.
Beginne auf der leisesten Stufe der Aufnahme und jedes Mal, wenn das Geräusch ertönt, bekommt dein Hund sofort Futter.

Das Läuten muss so leise sein, dass dein Hund nicht reagiert (notfalls kannst du das Handy beim Abspielen zusätzlich noch unter einen Polster legen).
Erkennst du eine positive Reaktion deines Hundes (Blick schnellt zu dir oder zum Futter beispielsweise), kannst du die Lautstärke erhöhen.
Das machst du so lange, bis du den Originalton erreicht hast.
Dann könnt ihr mit der echten Glocke üben.
Reagiert dein Hund nicht (mehr) auf die Glocke, könnt ihr das Ritual einüben.
Dafür bereitest du eine Futterbeschäftigung vor, läutest und gibst deinem Hund sofort die Beschäftigung im vorgesehenen Raum.
Du kannst auch einen Ankündigungssatz dazusagen, wenn du gerne redest. Der muss allerdings immer gleich sein (auch ein einzelnes Wort ist möglich).
Die Reihenfolge ist dann folgende: Läuten – „Komm geh ma ins Zimmer“ – Beschäftigung + Hund gehen in den Raum.
Außerhalb der Trainingseinheiten ist die Glocke entweder deaktiviert oder mit einem „Glocke defekt, bitte anrufen“-Schild überklebt. So verhinderst du, dass ihr euch die neue Routine durch unvorbereitetes Läuten kaputt macht.

Klappt die Routine gut, braucht ihr das Alleinbleiben in dem Raum mit der Beschäftigung. Das kannst du ebenso langsam aufbauen.
Zuerst bist du bei deinem Hund, sobald er beginnt, beim Läuten schon in den Raum zu laufen (er hat verstanden, wie das Spiel läuft), gehst du einen Schritt weg.
Die Schrittanzahl kannst du erhöhen, bis du bei der Tür angelangt bist.
Reagiert dein Hund nicht, kannst du die Tür das erste Mal schließen. Eine Kamera im Raum verrät dir, ob dein Hund damit zurechtkommt.

Zusätzliche Entspannungsroutinen und/oder ein Futterautomat können ebenfalls helfen. In einer individuellen Verhaltensberatung werden die Varianten zusammengestellt, die am besten klappen, wenn die Futterbeschäftigung allein nicht ausreicht.

Nicht anfassen!

Der eigene Körper ist eine der wichtigsten Ressourcen, die unsere Hunde haben. Körperliche Unversehrtheit zählt daher zu den Grundbedürfnissen, und sie muss gewährleistet sein. Leider gibt es allerdings immer wieder Hunde, die aus Erfahrung (oder fehlender Erfahrung) daran zweifeln, dass Menschen dieses Grundbedürfnis respektieren.

Dann kann es zu Abwehrverhalten in Bezug auf den eigenen Körper kommen. Meist passiert das, wenn wir diese Hunde pflegen oder behandeln wollen.

Hast du mit deinem Welpen schon Medical Training gemacht, wird so eine Situation bei euch eher nicht vorkommen. Falls dein Hund allerdings schon erwachsen zu dir gekommen ist oder du jetzt beginnst, kannst du das Training wie mit einem Welpen durchspielen.

Es gibt allerdings auch Situationen, wo nicht wir, sondern Fremde mit unseren Hunden in Konflikt geraten, wenn es um das Anfassen geht.

Gerade Rasseliebhaber oder generelle Hundefans stürzen sich manchmal sehr unbedacht unterwegs auf Vierbeiner und haben vielleicht einfach noch nie gehört, dass die meisten Hunde das überhaupt nicht toll finden.

Selbst Hunde, die sich grundsätzlich alles gefallen lassen und sich nicht selbst verteidigen, zeigen bei überschwänglichen Liebesbekundungen (vor allem von Fremden, aber auch innerhalb der Familie) deutliche Beschwichtigungs- und Stresssignale.

Sie hecheln, versuchen, den Kopf oder sogar den ganzen Körper abzuwenden, heben die Pfote, schlecken sich über den Nasenrücken, blinzeln, ziehen die Stirn glatt (die Ohren nach hinten), um die Mundwinkel und Augen bilden sich Falten, und nach der Situation wird sich erst einmal ordentlich geschüttelt.

Na, kommt dir das bekannt vor?

Wir haben es alle schon mal irgendwo gesehen.

Jemand, der sich mit Hunden noch nicht so intensiv beschäftigt hat, sieht diese Anzeichen allerdings nicht unbedingt.

Wir können also nicht erwarten, dass Passanten unsere Hunde lesen und einschätzen können.

Mir ist mal passiert, dass zwei fremde Menschen im Aufzug (!) plötzlich auf den Kopf meines Hundes gegriffen haben. Dessen Reaktion war ein schnelles Abschnappen, und ich, ahnungslos wie ich damals als frisch gebackene Hundemama war, stand völlig entgeistert da.

Heute würde ich anders reagieren.

Gerade die niedlichen Flauschi-Hunde stehen hinter mir, sodass Hände einen schwierigeren Weg hätten, und nicht fragen definitiv unhöflich wäre.

Generell erlaube ich fremden Menschen nicht, meine Hunde anzufassen. Ich weiß, sie mögen es nicht. Ich fasse ja auch nicht einfach in irgendwelche Kinderwägen.

Es gibt allerdings auch Hunde, die schon die um Erlaubnis fragende Person sehr schwierig finden.

Grundsätzlich ist es ja höflich, wenn Menschen nach Erlaubnis fragen, wenn sie unsere Hunde begrüßen oder gar anfassen wollen (auch wenn ich dafür wäre, dass schon Kindern beigebracht wird, dass fremde Hunde einfach nicht angefasst werden, Punkt).

Sie kommen dabei allerdings meist schon in gerader Linie auf unsere Hunde zu und starren sie an. Das ist aus Hundesicht sehr unhöflich.

Die meisten Hunde haben diese Annäherung zumindest mit Aufregung verknüpft, viele allerdings auch mit einer folgenden unangenehmen Berührung.

Die meisten Hunde mögen weder Anfassen am Kopf noch direktes Anschauen. Dieser Rottweiler zeigt durch Wegdrehen, was er von der vermeintlich freundlichen Annäherung hält.

So stand ich mal mit einem Team aus Frauchen und Cane-Corso-Mix beim Begegnungstraining, als eine junge Frau aus der Ferne auf uns zukam.

Der junge Rüde machte seine Sache wirklich gut, konnte seine Aufregung sogar auf einem engen Feldweg ganz gut in produktivere Dinge (wie Schnüffeln) umleiten, und wir wollten nur noch diese Frau passieren lassen, bevor es weiterging.

Es wurde allerdings schnell klar, dass die Frau den Hund total entzückend fand und ihn anvisierte. Der Hund bemerkte das schnell, und die Aufregung stieg.

Etwa anderthalb Meter von uns entfernt fragte sie dann: „Der ist aber lieb, kann man den streicheln?"

Woraufhin der Hund dann doch einen kleinen Hüpfer nach vorne machen musste.

Er war keinesfalls böse. Er wollte „nur mal eben Hallo sagen". Wobei er die Frau vermutlich umgeworfen hätte. Immerhin waren die beiden etwa gleich schwer. Dank Geschirrgriff (vorher schon) und Aufmerksamkeitssignal im letzten Moment blieben allerdings alle auf ihren Füßen. Mit einem „heute nicht, wir üben gerade ruhig bleiben. Aber danke für die Frage" ging auch die Frau weiter. Es ist also alles gut gelaufen.

Dieses Beispiel zeigt auch, dass wir unseren Hunden nicht unbedingt beibringen müssen, sich von jedem anfassen zu lassen.

Meiner Meinung nach ist es vollkommen okay, sich nicht anfassen lassen zu wollen (sofern kein gesundheitlicher Grund dahintersteckt, der bräuchte definitiv Behandlung).

Es gibt allerdings Umstände, die ein solches Training notwendig machen. Beispielsweise, wenn es in deiner Gemeinde in einer Sachkunde oder einem Wesenstest vorkommt.

Dann braucht es, je nachdem, wie schwer es deinem Hund fällt, ein gezieltes Training. Meist ist eine Ankündigung („anfassen") ein ganz guter Anfang und hilft auch beim Tierarzt oder Hundefriseur.

Mein Mensch!

Wie schon gesagt, bist du eine wichtige Ressource für deinen Hund, daher kann es dazu kommen, dass sich dir niemand nähern darf oder dein Hund ungehalten reagiert, wenn dich jemand anfasst.

Das häufigste Bild in diesem Zusammenhang ist ein Hund, der bei einer Umarmung an der anderen Person aufgeregt hochspringt. Das muss zwar nicht immer ein Zeichen von Ressourcenverteidigung sein, ein Training lohnt sich aber dennoch.

Dein Hund lernt, sich durch ein Handtarget an unterschiedliche Positionen um dich herum führen zu lassen. Mal bringt ihn die Hand an deine rechte Seite, mal nach hinten, mal an die linke Seite und so weiter.

Nähert sich jetzt jemand (anfangs eine bekannte Person), wird dein Hund gleich für die Annäherung belohnt.

Dann begleitest du ihn mit dem Handtarget hinter dich oder auf die abgewandte Seite. Hier wird er wieder ausreichend belohnt.

Nähert sich die Person jetzt weiter, wird dein Hund immer wieder belohnt. Die Person kann sich auch jedes Mal nach deinem Markersignal einen Schritt entfernen. Damit hast du eine doppelte Belohnung.

Die Annäherung findet nur so lange statt, wie dein Hund entspannt in Position bleiben kann.

Vielleicht fragst du dich jetzt, warum wir nicht einfach mal eine Ansage machen, sodass der Hund das dann lässt.

Stell dir vor, du ziehst in ein neues Haus und kennst den Nachbarn noch nicht.

Kurz nach dem Einzug siehst du durch dein Fenster und merkst, wie der Nachbar in deinen Garten geht. Du beobachtest erst mal etwas angespannt, denn du weißt ja nicht, was dieser Fremde da will.

Als er wieder gegangen ist, gehst du nachsehen und merkst, dass er dir einen Kuchen hingestellt hat. Vielleicht zweifelst du kurz und fragst dich, ob der vielleicht vergiftet ist, doch dann freust du dich.

Beim nächsten Mal, wenn der Nachbar auf dein Grundstück geht, ist von der anfänglichen Skepsis nicht mehr viel vorhanden. Sie weicht einer positiven Erwartungshaltung.

Lässt er dir jetzt wieder einen Kuchen da, wirst du den dritten Besuch vielleicht gar nicht mehr abwarten können.

Selbst wenn der Nachbar dann irgendwann, ohne zu fragen, deinen Rasenmäher nimmt, wirst du keine Einwände haben, denn du hast mega gute Erfahrungen mit diesem Menschen gemacht.

Genau das erreichen wir mit unseren Hunden.

Du merkst, das waren nur sehr kurze Beispiele, und die jeweiligen individuellen Trainingspläne wären mit Sicherheit deutlich länger und sehen bei jedem Hund anders aus. Sie sollen nur eine Idee geben, wie ein Training in etwa aussehen kann und was damit gemeint ist, dass sich dein Hund durch das Training wohler fühlen soll in Situationen, die ihm schwerfallen.

An dieser Stelle möchte ich noch einmal betonen, wie wichtig eine individuelle Beratung bei Ressourcenthemen ist. Jeder Hund, jede Beziehung und jede Lebenssituation ist anders, und es ist immer unterschiedlich, welche Trainingsansätze und Maßnahmen machbar und sinnvoll sind.

Und natürlich können auch Dinge verteidigt werden, mit denen wir gar nicht rechnen. Dazu gehören zum Beispiel Schnüffelstellen (besonders jungen, intakten Rüden sind Pinkelstellen der Damen oft durchaus wichtig) oder gefundene Beute.

Deshalb, keine Scheu vor uns Hundetrainern (sofern ohne Korrekturen, Härte und Zwang gearbeitet wird). Wir basteln mit dir gemeinsam den optimalen Plan für dich und deinen Vierbeiner.

Waidmannsheil ... bitte nicht!

Einige starke Hunderassen gehören nicht unbedingt zu den jagdbegeisterten Vertretern der Hundewelt, es gibt aber durchaus auch einige, die in ihrer Entwicklungsgeschichte einmal Jagdbegleiter der Menschen waren. Dazu gehören zum Beispiel die Dogo Argentinos und die meisten Vertreter der Bull-Rassen.

In ihrer Zuchtgeschichte wurde eine Zeit lang unter anderem auf die Jagdtauglichkeit selektiert, und das ist einigen dieser Hunde mehr oder weniger geblieben.

Doch auch unter den Rottweilern und Terriern finden sich oft jagdlich ambitionierte Hunde.

Und natürlich gibt es immer die Ausnahmen von der Norm, und so gibt es auch unter den eigentlich wenig jagdmotivierten Rassen Hunde, die Wild durchaus interessant finden.

Meine Herdenschutzhund-Mix-Pflegeline war eine begeisterte, wenn auch nicht besonders geschickte Jägerin.

Sobald sie irgendwo Bewegungen im hohen Feld wahrnehmen konnte, sprang sie wie ein Känguru auf den Hinterbeinen vorwärts (der Leine geschuldet, denn ohne wäre sie einfach abgezischt), und sie zeigte uns auch, wo in der Nachbarschaft die meisten Mäuschen hausen. Ihr Kopf war so schnell in der Erde eingebuddelt, dass wir nur mit offenem Mund danebenstanden.

Schnell war klar, worauf sie zurückgreift, wenn der Stress (in ihrem Fall drei Umzüge innerhalb ihres ersten Lebensjahres, Beißvorfälle mit anderen Hunden und weniger freundliches Training) zu viel wird.

Merkst du, dass sich dein Hund für Wild oder auch Katzen interessiert, kannst du zuerst schauen, ob sich dieses Interesse erst kürzlich entwickelt oder verändert hat. Jagen ist nämlich sehr stressbedingt (ähnlich dem Leinenziehen und -pöbeln, also vor allem, wenn mehrere Probleme gleichzeitig auftauchen, ist die Wahrscheinlichkeit hoch, dass dein Hund ein bisschen mehr Entspannung brauchen könnte).

Dabei schaue ich gern auf das ganze Leben des Hundes.

- Wie läuft der Alltag ab?
- Wo / wie / wie lange sind die Spaziergänge?
- Welche Beschäftigungen gibt es und wie lange dauern sie?
- Welche Bedürfnisse gibt es und werden sie gestillt?
- Welche aufregenden Aktivitäten gibt es?
- Wann sehen wir Angst / Aggression?
- Und so weiter

Vor allem ungestillte Bedürfnisse, Über- und Unterforderung (Langeweile) sowie Konflikte können den Stresspegel sehr schnell anheizen.

Es geht unseren Hunden da wie uns.

Gefangen in einem monotonen Job, keine Zeit für Hobbys und ständig Streit mit der Partnerin, machen uns schnell unrund. Unsere Hunde fühlen sich genauso.

Wir brauchen also sowohl genug Ruhe, Entspannung, Sozialkontakt, Wohlbefinden (körperlich und geistig) als auch adäquate Beschäftigung.

Zeigt dein Hund jagdliches Interesse, eignen sich als Beschäftigungen wunderbar Dinge, die mit Jagen zu tun haben. Hierzu zählen:

- Suchen (von gestreuten Keksen in der Wiese über Objektsuche, Geruchsunterscheidung bis zum spezialisierten Spürhund, der bei Arbeiten wie Schädlingsbekämpfung und im Naturschutz hilft)
- Mantrailing / Pettrailing
- Fährte
- Dummy
- Und alle Abwandlungen und Teilbereiche davon

Der Kreativität sind keine Grenzen gesetzt. Die Bedürfnisse deines Hundes triffst du am wahrscheinlichsten mit dem, was dem eigentlichen Verhalten am ähnlichsten ist. Trägt dein Hund also gerne Dinge durch die Gegend, passt Apportieren in irgendeiner Form vermutlich gut. Steckt er dagegen immer mit der Nase in irgendeinem Loch, könntest du ihm Suchaufgaben stellen, die auch mal mit Buddeln oder Stöbern (zum Beispiel in einem Blatthaufen oder einer Sandkiste) verbunden sind.

Probier hier gern wild durch und bleib bei dem, was euch gemeinsam am meisten Spaß macht. Weiter hinten findest du noch einige Anleitungen zum Starten.

Und keine Sorge, du förderst damit nichts, was du eigentlich nicht haben willst (wie Jagen). Im Gegenteil. Ein Hund, dessen Bedürfnisse nicht gestillt werden, wird sich eigene Möglichkeiten suchen, ihnen nachzukommen. Diese sind dann meist nicht das, was wir gerne hätten. Verhindern wir diese selbst gewählten Outlets dann jedes Mal, leidet das generelle Wohlbefinden.

Arbeitest du beispielsweise super gerne mit den Händen und bekommst nie die Gelegenheit dazu, wirst du dich weniger zufrieden fühlen, als wenn du dir ein passendes Hobby suchst.

Genauso verhält es sich mit Sport.

Bewegst du dich gerne, bist aber ständig zeitlich so eingespannt, dass für Sport kein Raum ist, wirst du wahrscheinlich immer unruhiger. Kannst du dagegen deinen Lieblingssport verletzungsbedingt nicht mehr machen und musst auf eine Alternative zurückgreifen, ist das nicht so schlimm wie kompletter Stillstand.

Hast du den Stresspegel schon reduziert und dein Hund ist draußen dennoch in seiner eigenen Welt und beschäftigt sich mehr mit dem Getier als mit dir, hast du Gelegenheit für ein Anti-Jagd-Training.

Dieses Training besteht aus mehreren Komponenten. Manche Hunde brauchen alle davon, manche nur einzelne.

Zuallererst teile ich den Spaziergang nach Gebieten auf.

Dazu müssen wir wissen, welche Tiere für deinen Hund spannend sind und wo die wohnen.

Geht es nur um Nachbars Katze oder auch um alle Wildtiere?

Die Bereiche, wo besonders viele dieser Tiere vorkommen, sind „schwierig" oder „rot" oder welche Markierung auch immer du verwenden willst.

Dann gibt es „mittlere" oder „gelbe" Bereiche, die schaffbar sind (an guten Tagen).

Und „einfache" oder „grüne" Bereiche, wo kaum etwas unterwegs ist und wo sich dein Hund wunderbar auf dich konzentrieren und Neues lernen kann. Eventuell ist das auch erst einmal nur der eigene Garten.

Leben die bejagten Tiere im eigenen Haushalt (zum Beispiel Katzen, kleine Hunde, Nager oder Ähnliches), brauchst du eine ausreichende Sicherung durch Kindergitter, Schleusen, Türen und / oder Hausleine. Eventuell kannst du dich hier also baulich betätigen.

Dann brauchen wir ein paar Grundübungen. Sie starten jedenfalls immer dort, wo sich dein Hund super konzentrieren kann und keine Ablenkungen herumlaufen.

So könnt ihr wirklich festigen, was ihr später braucht, es passieren keine unangenehmen Überraschungen oder es geht doch wieder etwas schief, und so bleibt auch die Motivation hoch (das gilt für jedes Training).

Aufmerksamkeit

Schenkt dir dein Hund Aufmerksamkeit, sollte sich das immer lohnen. Vor allem, wenn er sich sonst durchaus für andere Dinge interessiert.

Du kannst die Aufmerksamkeit auf zwei Arten ausbauen.

Variante Nr. 1 ist das Einfangen der freiwilligen Aufmerksamkeit. Hierbei markerst und belohnst du immer dann, wenn dein Hund von sich aus auf die Idee kommt, mal zu dir zu schauen.

Im jagdlichen Kontext bieten sich vor allem Belohnungen an, die Teile der Jagdkette enthalten (Beute suchen, Beute belauern, sich der Beute nähern, Beute hetzen, Beute fangen, Beute töten, Beute tragen, Beute zerlegen und fressen). Natürlich kannst du dafür keine anderen Tiere „verwenden". Maximal Spuren von echten Tieren könnte dein Hund mit dir gemeinsam auf Signal verfolgen (lässt sich auch wunderbar als Fährte mit Kochwasser von Fleisch ziehen und als Beschäftigung verwenden).

Alle anderen Teile der Jagdkette kannst du mit einem Spielzeug oder Futter nachspielen. Eine der Lieblingsübungen meines ersten Hundes war dabei das Lauern.

Hierbei nimmst du ein Leckerli / Spielzeug, zeigst es deinem Hund, sagst das Wortsignal „Lauern" und bewegst das Leckerli ein wenig hin und her (nur so viel, wie dein Hund ruhig beobachten kann, ohne dass er schon an dir hochspringt oder Ähnliches), und wirfst es dann weg, sodass dein Hund hinterherhetzen kann.

Skadi hat eindeutig Spaß am Lauerspiel.

Auch Suchspiele sind eine tolle Möglichkeit, deinem Hund Teile der Jagdkette zu bieten. Sie haben den Vorteil, dass das Hetzen und damit die Ausschüttung der Stresshormone wegfällt.

Du kannst hierfür ein „Bleib" aufbauen oder unauffällig Futter oder Gegenstände verlieren, die dein Hund dann suchen kann.

Und wenn ihr gemeinsam ein Wildtier entdeckt habt, kann auch das Beobachten eine Belohnung darstellen.

All diese Belohnungen kannst du natürlich auch für Variante Nr. 2, das Aufmerksamkeitssignal, verwenden, das wir schon bei den Welpen kennengelernt haben.

An dieses Aufmerksamkeitssignal kannst du dann später auch deinen Rückruf dranhängen. So erhöhst du die Wahrscheinlichkeit, dass dein Hund auf den Rückruf reagiert, weil er ja mit der Aufmerksamkeit schon bei dir ist.

It's Partytime – Der Rückruf

Der Klassiker unter den Hundesignalen. Diesmal hat die Beliebtheit einer Übung wirklich ihren Sinn, denn der Rückruf ist sowohl eine Versicherung für deinen Hund als auch die Grundlage für Freilauf (der natürlich auch noch davon abhängig ist, wo ihr unterwegs seid und wie sich dein Hund ganz allgemein verhält).

Calumi zeigt volles Tempo beim Rückruf.

Rückruf

Start:

Dein Hund sitzt/steht vor dir.

Ziel:

Egal, was dein Hund gerade macht, wenn er das Rückrufsignal hört, lässt er alles stehen und liegen und schießt freudig zu dir.

Trainingsschritte:

1. *Dein Hund steht neben dir, du gibst das Signal, hältst ihm etwas Tolles vor die Nase und läufst ein paar Schritte rückwärts oder seitwärts. Er wird nachlaufen und kann sich so seine Belohnung abholen (Marker nicht vergessen, wenn er wieder bei dir ist).*
2. *Erhöhe die Distanz schrittweise.*
3. *Tipp: Um mehr Distanz zu schaffen, kannst du eine Belohnung aus der Hand geben und eine zweite wegwerfen. Hat dein Hund die geworfene geschluckt, kannst du das Signal wieder geben.*
4. *Die Belohnung wird nicht mehr vor ihm gewedelt.*
5. *Ablenkung wird eingebaut.*

***Tipp:** Vergiss nicht, auch an verschiedenen Orten zu üben (das gilt zwar für alle Signale, für den Rückruf ist es aber besonders wichtig). Anfangs wirst du bei einem Ortswechsel wieder mit einfacheren Wiederholungen beginnen müssen (auch abhängig davon, wie aufregend dein Hund neue Orte findet).*

Wichtig: Jedes Mal, wenn ein Hund von etwas Spannendem weggerufen wird, verbraucht das Impulskontrolle. Daher üben wir zwar regelmäßig, aber sparsam. Die Belohnung darf ruhig besonders gut sein und ihr könnt richtig Party machen.

Remember me

Oft glauben wir Menschen, wir müssten den Hund ständig von immer spannenderen Dingen wegrufen, damit der Rückruf im Ernstfall klappt. Das ist normalerweise nicht der Fall. Üben wir immer wieder zwischendurch und der Hund schafft die Aufgabe leicht, verknüpft er grenzgeniale Belohnung mit dem Gefühl, das leicht zu schaffen.
Wir legen also schon vorsorglich sehr viel Gewicht auf die Waage.
Rufen wir dann im Ernstfall, ist die Waage so tief auf unserer Seite, dass der Hund sich sofort an die Leichtigkeit und die tolle Belohnung erinnert. Somit klappt es eben auch dann.

Mit der Aufmerksamkeit und dem Rückruf hast du schon ein sehr gutes Fundament für dein Jagdersatztraining und gleichzeitig eine spürbare Verbindung mit deinem Hund.

Dennoch bin ich immer ein Fan von Sicherheit. Deshalb laufen meine Hunde an Straßen nicht frei, auch wenn sie einen wirklich guten Rückruf haben.

Immerhin sind Hunde keine Maschinen und sie können immer mal einen schlechten Tag haben. Versuch dich also auch nicht zu ärgern, wenn dein Hund mal nicht hört. Er wird einen Grund dafür haben. Ich finde es mega spannend zu sehen, was dieser Grund sein könnte.

Und bis dein Hund im wildreichen Gebiet zuverlässig auf den Rückruf reagiert, kannst du eine Schleppleine als Sicherheit dranmachen (natürlich am Brustgeschirr, denn am Halsband birgt sie ein sehr hohes Verletzungsrisiko).

Doch auch für die Spaziergänge an der Schleppleine brauchst du mit deinem Hund ein bisschen Übung.

Gerade starke Hunde haben mit einem Anlauf von zehn Metern so eine Wucht, wenn sie in die Leine knallen, dass sie kaum zu halten sind. Um das zu vermeiden, kannst du mit deinem Hund in einem einfacheren Gebiet (weniger Wild) üben, dass er den Radius von zehn Metern zuverlässig einhält und spätestens bei einem Leinenende-Signal langsamer wird oder sich zu dir umwendet.

Dieses Leinenende baut sich quasi von selbst auf.

Bevor dein Hund das Ende der Schleppleine erreicht hat (circa eineinhalb Meter vorher), rufst du dein „Ende"-Signal. Ist das Gebiet nicht zu aufregend, wird sich dein Hund verwundert umdrehen, denn dieses Signal kennt er noch nicht. Jetzt ist der ideale Zeitpunkt zu markern und eine Belohnung anzubieten.

Diese Belohnung kann sehr unterschiedlich sein, und wenn sie Elemente des Jagens beinhaltet, wird das Signal auch bei Ablenkung schnell zuverlässig.

Reagiert dein Hund nicht auf das Signal, kannst du noch etwa eineinhalb Meter Zeit zum Reagieren lassen, und wenn auch dann nichts kommt, bremst du sanft mit beiden Händen (die Ellenbogen gehen langsam zu deinen Rippen) und bleibst stehen. Dann wartest du einfach, bis dein Hund sich zu dir wendet und lädst ihn danach freundlich ein, ein Stück näher zu kommen. Als Belohnung dafür gehst du weiter.

Reagiert dein Hund allerdings grundsätzlich nicht auf das neue Signal, ist die Umgebung sehr wahrscheinlich noch zu aufregend, der Stresspegel ist zu hoch oder dein Hund hat noch nicht oft genug die Erfahrung gemacht, dass sich Zusammenarbeiten mit dir lohnt.

In dem Fall kannst du fleißig dein Aufmerksamkeitssignal üben und wirklich immer sehr hochwertig belohnen (mit den Dingen, die dein Hund in der Situation als motivierend empfindet).

Gimli lernt den Geschirrgriff, obwohl er kein passionierter Jäger ist.

Die hündische Salzsäule: Stehenbleiben auf Signal

Es gibt allerdings auch Dinge, die lassen sich erst „in Action" trainieren.

Hierzu gehört für jagdbegeisterte Vierbeiner eindeutig das freiwillige Stehenbleiben. Diese Fähigkeit ist meiner Meinung nach wirklich absolut genial, denn sie gibt uns langsamen Menschen die Möglichkeit, noch auf den Hund einzuwirken, bevor der losprescht und hinter einem anderen Tier herrennt.

Der einzige Nachteil dabei ist, dass wir den richtigen Moment genau erwischen und wir dabei manchmal wirklich sehr schnell sein müssen.

Möchtest du also, dass dein Hund den Moment verlängert, wo er steht und das andere Tier beobachtet, musst du ihn gut beobachten und sofort markern, wenn er stehen bleibt und hinschaut.

Kannst du diesen Moment gut vorhersehen, kannst du auch „Stopp" davor sagen und damit ein Signal einführen.

Eine Alternative wäre der Aufbau über den Geschirrgriff. Hierbei lernt dein Hund ein Signal, nachdem du in den Halsteil seines Geschirrs greifst und ihn an der Bewegung hinderst.

Die Annäherung der Hand braucht bei manchen Hunden hier extra Training, und erst, wenn dein Hund freudig auf die Annäherung reagiert, kannst du Spannung aufbauen.

Und so schaut ein Plan dazu aus:

Start:

Dein Hund steht/sitzt neben dir und trägt ein Brustgeschirr.

Ziele:

Du kannst nach Gabe des Signals in das Geschirr des Hundes greifen und ihn daran festhalten.

Beim Ertönen des Signals hält der Hund an und orientiert sich zu dir.

Immerhin ist dieses Signal auch in anderen Momenten praktisch.

Trainingsschritte:

1. *Gib dein Signal (zum Beispiel „Geschirr" oder „Stopp") => bewege die Hand => Marker + Belohnung*

   Tipp: *Die Hand bleibt so lange an derselben Stelle, bis dein Hund geschluckt hat.*

2. *Gib dein Signal => bewege die Hand in Richtung Geschirr (Halsteil) => Marker + Belohnung*
   Tipp: *Deine Hand sollte seitlich kommen, nicht von oben.*

3. *Gib dein Signal => berühre das Geschirr am Halsteil => Marker + Belohnung*
4. *Gib dein Signal => greif in den Halsteil => Marker + Belohnung*

   Tipp*: Zeigt dein Hund hier Beschwichtigungssignale (Körperschwerpunkt weg von dir) oder geht einen Schritt zurück, war der Schritt zu groß und er braucht eine kleinschrittigere Annäherung.*

5. *Gib dein Signal => greif ins Geschirr und halte kurz fest => Marker + Belohnung*
6. *Gib dein Signal => greif ins Geschirr & verlängere die Dauer (sekundenweise, variabel) => Marker + Belohnung*
7. *Gib dein Signal => greif ins Geschirr und zieh leicht zu dir => Marker + Belohnung*

   Tipp: *Warte hier, ob dein Hund von sich aus nachgeben und sich zu dir lehnen kann. Wenn nicht, kannst du mit einem Futterstück vor der Nase nachhelfen.*

8. *Gib dein Signal => greif ins Geschirr und zieh stärker (ganz vorsichtig steigern, bis du deinen Hund tatsächlich ein Stück zu dir ziehst)*
9. *In Bewegung (ihr geht an kurzer Leine) => Gib dein Signal => greif ins Geschirr => ihr haltet an => Marker + Belohnung*

10. *Bau Ablenkungen nach eurer Liste ein (vom Einfachsten zum Schwersten, variabel steigern).*
11. *Lass nach dem Signal die Hand weg. Marker + Belohnung sofort, wenn dein Hund stehen bleibt (oder auch nur zögert).*

Wichtig: Gib Marker und Belohnung immer nach vollständiger Ausführung des Trainingsschrittes und bei Bedarf während der Ausführung (beim Aufbau, zum Beispiel wenn du die Dauer verlängerst, dabei reicht aber ein Marker und mehrmals Futter).
Entferne deine Hand immer erst dann, wenn dein Hund das Futterstückchen geschluckt hat.
Sei sehr vorsichtig mit dem Aufbau des Zugs in deine Richtung, wir wollen nicht aversiv werden, denn dann steigen viele Hunde aus oder haben keinen Spaß mehr. Der Geschirrgriff kann auch verwendet werden, um den bereits eskalierenden Hund (Leinenpöbler) vom Auslöser abzuwenden und so schnellstmöglich aus der Situation zu kommen (das sehen wir in einem späteren Kapitel nochmal).
Es handelt sich hier allerdings um eine Notfallmaßnahme, die du im besten Fall nicht brauchen wirst, denn für den Hund ist dieses Signal mit Frust verbunden.
Trotzdem lohnt es sich, vorbereitet zu sein.

Remember me

Der Geschirrgriff ist potenziell frustrierend für deinen Hund, und manche Hunde mögen das Anfassen (auch am Geschirr) überhaupt nicht.
Ein besonders sorgsamer Aufbau mit großzügiger Belohnung und sehr kleinen Schritten wirkt dann Wunder. Beobachte deinen Hund genau. Zeigt er Anzeichen, dass er sich unwohl fühlt oder beschwichtigt (vor allem das Weglehnen ist hier ein häufiges Zeichen), war der Schritt zu groß. Mach ihn einfach ein bisschen kleiner und probier's noch mal.

Die Leine verhindert das Nachlaufen anfangs und die passende Belohnung gibt deinem Hund die nötige Motivation, etwas anderes zu tun als nachzuhetzen.

Oft eignet sich hier das Beobachten des Tieres in Kombination mit ruhigem stimmlichem Lob sehr gut. Wirklich jagdmotivierte Hunde stehen dann in sehr hoher Körperspannung und glotzen dem Tier hinterher.

Merkst du dann, dass dein Hund wieder ansprechbarer wird, kannst du wunderbar ein Aufmerksamkeitssignal und eine Belohnung mit Hetzen anbieten (zum Beispiel ein geschleudertes Leckerli oder ein Dummy / Ball, den dein Hund noch dazu knautschen kann). Vorsichtshalber würde ich dir empfehlen, in die entgegengesetzte Richtung zu werfen, damit dein Hund nicht doch noch auf die Idee kommt, einfach über den Gegenstand hinweg und hinter dem Tier her zu rennen. Nach dem Hetzen eignen sich dann ruhige Aktivitäten wie Suchen, um den Erregungspegel wieder zu senken.

Glücklicherweise mögen viele starke Hunde Beobachten auch sehr gerne, wodurch sie sich leichter auf diesen Deal einlassen.

Sagst du immer ein bestimmtes Wort (zum Beispiel „gucken"), wenn dein Hund etwas beobachten darf, wird es gleich zum (Marker-)Signal und du kannst es auch in anderen Lebensbereichen einsetzen ... zum Beispiel bei fremden Hunden oder Menschen.

Let's Go – Exitstrategie für Notfälle

Passend zum automatischen Stehenbleiben können wir auch einen flotten Rückzug trainieren.

Das Ziel ist ein Signal, auf das hin dein Hund zu dir herumschnalzt und sofort mit dir in die Gegenrichtung abhaut (mehr oder weniger schnell, je nach Bedarf).

Das kann sowohl bei Wild als auch bei Begegnungen und sogar bei Ängsten äußerst praktisch sein.

Start:

Dein Hund steht bei dir, keine Ablenkung.

Ziele:

Dein Hund dreht auf Signal (zum Beispiel „Let's Go") sofort um und ihr lauft gemeinsam in die entgegengesetzte Richtung weg. Dein Hund läuft dabei locker neben dir.

Trainingsschritte:

1. *Dein Hund ist nahe bei dir, gib dein Aufmerksamkeitssignal => Er schaut => Gib dein Umkehrsignal und zeichne mit der Hand einen großen Halbkreis um dich herum, dreh dich dabei um 180° und geh in die andere Richtung weiter => Dein Hund folgt => Marker + Belohnen (im Gehen)*

   ***Tipp:** Wenn dein Hund nicht folgt, kannst du auch hinter deinem Hund stehend beginnen und nach dem Signal einen Schritt rückwärts machen (eventuell lenkst du deinen Hund vorher etwas ab).*

2. *Lass die Zeigehand weg. Also: Gib dein Aufmerksamkeitssignal => Dein Hund schaut => Gib dein Signal => Dreh um und geh weg => Dein Hund folgt => Marker + Belohnung*
3. *Lass das Aufmerksamkeitssignal am Anfang weg.*

   ***Tipp:** Vergiss nicht, dass dein Hund ein paar Sekunden zum Reagieren braucht, dreh dich also anfangs nur langsam.*

4. *Erhöhe die Geschwindigkeit, in der du wegläufst (ganz vorsichtig).*

   ***Tipp:** Manche Hunde erschrecken oder drehen extrem auf, wenn ihr Mensch losläuft. Du kannst deinen Hund, um das zu vermeiden, vorher ansprechen oder dein Aufmerksamkeitssignal geben. Gehe erst schneller, dann jogge ein bis zwei Schritte, dann mehrere Schritte, dann schneller => vorsichtige Steigerung*

   ***Tipp:** Häufige Belohnung im Gehen verhindert Anspringen und Hochfahren.*

5. *Baue Ablenkung ein. Dein Hund ist aber immer noch nahe bei dir.*
   Tipp: Ihr geht auf die Ablenkung zu.

6. *Steigere die Ablenkung.*
7. *Nimm die Ablenkung wieder weg, erhöhe die Distanz (meterweise) zwischen dir und deinem Hund vor dem Signal.*
8. *Baue zur Distanz wieder Ablenkung ein.*

   ***Tipp:** Steigere immer nur eines, nie beides auf einmal.*

9. *Steigere die Ablenkung bei größerer Distanz, bis du beim fremden Hund angekommen bist.*

Remember me

Bei diesem Training kann es sein, dass dein Hund sehr aufgeregt wird. Fällt dir das auf, versuche, das Training noch kleinschrittiger zu gestalten und mache nur sehr kurze Einheiten. Eine hohe Belohnungsrate wirkt der Aufregung super entgegen.
Auch Pausen mit gestreuten Keksen helfen beim Runterfahren.
Steigere die Schwierigkeit erst, wenn ihr einen Schritt recht entspannt schafft.

Möchtest du diese Übung auch in Begegnungen einsetzen, achte darauf, früh genug zu reagieren. Ein entgegenkommender Hund kann euer Weglaufen auch lustig finden und euch nachlaufen.

Die Wahrscheinlichkeit sinkt aber, wenn die Distanz größer ist. Zudem müsst ihr natürlich nicht laufen, wenn Gehen reicht.

Viele Menschen reagieren auch mit unnötigen oder verletzenden Kommentaren, wenn sie euch weglaufen sehen. Darauf solltest du gefasst sein. Erinnere dich stets daran, dass du für dich und deinen Hund die Verantwortung trägst und am besten weißt, was gut für euch ist. Sieht es allerdings wie ein Spiel aus, sind auch solche Kommentare weniger wahrscheinlich.

Calumi zeigt mit vollem Elan die Umkehr mit Action.

Der gemütliche Beobachter – schnell ist nicht!

Der gemütliche Beobachter wird oft auch als Faulenzer bezeichnet: Es handelt sich um einen Hund, der das Maskottchen einer Yogaschule werden könnte, denn er scheint in sich zu ruhen und mal „schnell" etwas erledigen oder mitkommen widerstrebt ihm offenbar zutiefst.

Eine seiner Lieblingsbeschäftigungen ist, in der Sonne (oder wahlweise auch im Schnee) zu liegen und zu beobachten … seine Menschen, Passanten, Artgenossen oder auch einfach einen Schmetterling.

Diese Hunde werden im Alltag oft als sehr angenehm empfunden. Solange niemand etwas von ihnen will. Denn auch dann bedenken sie sehr sorgfältig, ob sich die an sie herangetragene Bitte jetzt auszahlt.

Zu ihnen zählen vor allem die ganz großen Rassen. Vielleicht hast du ja schon mal die Faustregel gehört, dass Hunde umso entspannter sind, je größer, und umso hibbeliger, je kleiner sie sind. Das stimmt meistens ganz gut, sofern sie beim Heranwachsen ausreichend Schlaf und Ruhe bekommen, sich sicher fühlen und gesundheitlich fit sind. Das heißt nicht, dass sie keinen Stress empfinden können, sie gehen oft nur anders damit um und wir erkennen ihn daher schlechter.

Allerdings ist diese Eigenschaft nicht unbedingt nur positiv, denn einige Hunde sind einfach zu schwer, um sich frei bewegen zu können. Sie haben schmerzende Gelenke und das Aufstehen fällt ihnen mit jedem Lebensjahr schwerer. Hier sehen wir einen gravierenden Nachteil des menschlichen Strebens nach den Extremen.

Bemerkst du also, dass sich dein Hund beim Aufstehen oder in der Bewegung sichtlich schwertut, ist ein Termin beim Tierarzt sicher empfehlenswert. Manchmal ist auch physiotherapeutische Unterstützung oder eine Ernährungsberatung nötig, damit dein Hund ein (halbwegs) unbeschwertes Leben an deiner Seite führen kann.

Ist dein Hund einfach einer von der gemütlichen Sorte, gibt es ein paar Dinge, die mir über die Jahre gute Dienste in der Zusammenarbeit geleistet haben.

Möchtest du etwas von ihm, mit ihm etwas üben oder ihn beschäftigen, gilt es, mit Ruhe und Geduld die richtige Motivation zu finden und ihm eventuell Übungen langsamer zu erklären.

Sieht der Gemütliche nämlich keinen Sinn in einer Aufgabe und kommt noch dazu nicht einfach genug ans Ziel, widmet er sich oft bequemeren Dingen.

Möchtest du mit deinem Gemütlichen zum Beispiel Suchspiele beginnen, um ihm etwas zusätzliche Auslastung zu bieten (wenn es mal nichts zu beobachten gibt), kannst du ganz einfach starten.

Zeig deinem Gemütlichen, was du „verstecken" wirst, und biete ihm vorher ein Stückchen davon an (zur Erklärung: Ich beginne Suchen gerne mit Futter). So kannst du sicher sein, dass dein Hund auch mag, was du ihm da anbietest.

Dann legst du das Futterstückchen ein Stück von ihm entfernt, sodass er sich darauf zubewegen muss.

Habt ihr das ein paar Mal wiederholt und dein Hund nimmt langsam Fahrt auf, geht's zum nächsten Schritt.

Im nächsten Schritt kannst du dann schon seine Nase ins Spiel einbinden (beim ersten Schritt benutzt er ja sehr wahrscheinlich seine Augen).

Leg dazu gleichzeitig zwei Futterstücke in ein wenig Entfernung zueinander aus. Dein Hund wird zuerst zu einem der beiden gehen.

Hat er das geschluckt, animierst du ihn mit „such" und einer deutlichen Zeigegeste dazu, das zweite Futterstückchen zu suchen.

Ab dann kannst du es schwieriger machen. Bietest du deinem Gemütlichen nämlich zu langweilige Spiele an, kann das die Motivation verringern. Es gilt also, die goldene Mitte zu finden.

Brauchst du ein „Bleib" für die Suchspiele, haben gemütliche Hunde hier meist die Nase vorn und lernen besonders schnell, dass es sich sogar lohnt, sich nicht zu bewegen.

Im Alltag und bei Spaziergängen kann es uns Menschen dann leicht passieren, dass wir in die Ungeduld rutschen, weil

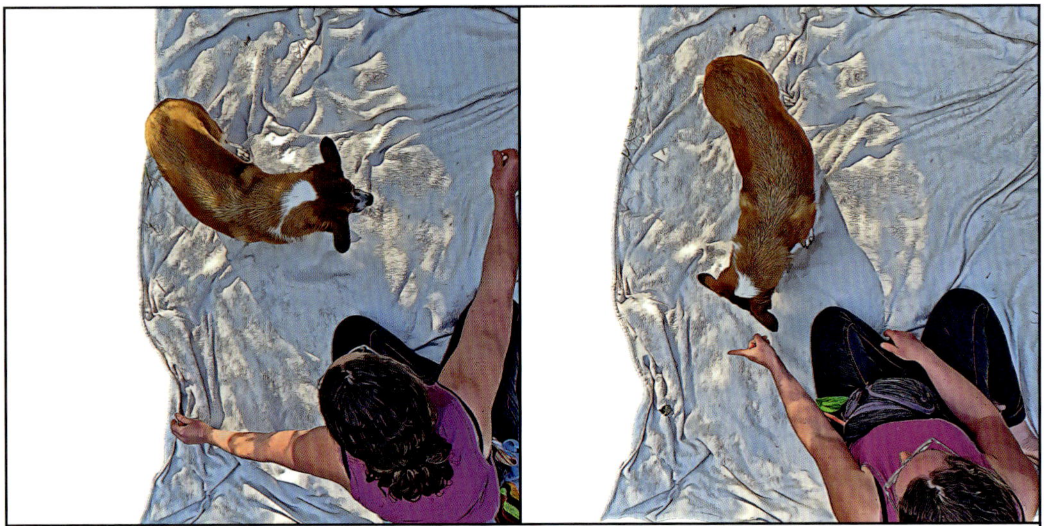

Calumi hat schnell verstanden, worum es geht.

der Hund einfach nicht zackig mitkommt, sondern erst mal schauen möchte, wohin wir da eigentlich gehen.

Dasselbe passiert auch immer wieder bei Hundebegegnungen. Wir möchten schnell handeln, weil wir den anderen schon im Stechschritt näherkommen sehen.
Jetzt gibt es zwei Möglichkeiten:

1. Wir wissen, dass unser Hund in Begegnungen freundlich bleibt und sie gut meistern kann. Auch der andere Hund kommt mit freundlicher Körpersprache auf uns zu. Also können wir auch entspannt bleiben und die Hunde werden aneinander vorbeigehen oder sich kurz ohne Drama begrüßen.
2. Wir wissen, dass unser Hund nicht entspannt bleibt oder der andere sieht nicht freundlich aus. Jetzt brauchen wir ein Signal, das auch den gemütlichen Hund zum (halbwegs) schnellen Mitkommen bewegt.

Dieses Signal (zum Beispiel das „Let's Go") muss vorher trainiert werden und die absolute Lieblingsbelohnung versprechen.

Die Devise heißt also: Brauche ich das schnelle Mitkommen regelmäßig, dann macht es Sinn, das zu trainieren.

Ansonsten können wir mit unseren gemütlichen Hunden auch lernen, selbst ein bisschen Tempo rauszunehmen und die Gelegenheit nutzen, die Schönheit der Natur genauer unter die Lupe zu nehmen.

Nichts stärkt die Beziehung zu einem gemütlichen Hund so sehr wie gemeinsames Beobachten, Entdecken und Erkunden.

Ich möchte hier auch noch mal betonen, dass gemütliche Hunde keineswegs faul oder gar dumm sind. Im Gegenteil – sie scheinen eher besonders genau über die Welt und alles darin nachzudenken.

Die Clowns – wo ist der Aus-Knopf?

Im starken Kontrast zu den gemütlichen Hunden stehen die Clowns. Unter ihnen finden wir allen voran die starken Terrier (Staffordshire Bullterrier, American Staffordshire Terrier, Bullterrier und Co.) beziehungsweise manche Bullies und auch die Boxer.

Bei den Bulldoggen finden wir meiner Erfahrung nach sowohl Clowns als auch sehr gemütliche Charaktere. Beide Enden des Spektrums sind nicht nur unter den Bullies ganz allgemein, sondern auch innerhalb der einzelnen Bulldog-Rassen vorhanden.

Das kann zu einem großen Teil an den sehr massiven gesundheitlichen Einschränkungen liegen (Bewegungsapparat, Allergien, Atmung …) – wir finden hier, beim Mops und Shar-Pei, die meisten Qualzuchtmerkmale – aber auch an der Persönlichkeit jedes einzelnen Hundes.

Wenn man ihnen eine Weile zuschaut, findet sich so gut wie immer ein Moment, wo wir herzhaft loslachen können.

Sei es, weil sie einen „Stock" herumtragen (der auch als Weihnachtsbaum vor dem Rathaus schick aussehen könnte), weil sie in vollem Tempo in den See rennen, nur um erstaunt festzustellen, dass der Boden plötzlich weg war, oder weil sie verblüfft das gerade explodierte Stofftier ansehen (der Blick sagt dabei eindeutig „er hat angefangen").

Diese Hunde sind meist recht einfach für gemeinsame Aktivitäten zu motivieren, sie arbeiten gern mit dem Menschen im Team zusammen und wenn die Belohnung irgendetwas mit Spielen zu tun hat, gehen sie mit uns Pferde stehlen (wobei sie oft auch gern essen).

Die größere Herausforderung bei den Kasperln ist, die Balance zwischen Aufregung und Ruhe zu finden.

Haben sie nicht gelernt zu entspannen, sehen wir immer öfter Zoomies (auch verrückte fünf Minuten genannt, wobei die Hunde – vergleichbar mit dem Duracell-Hasen auf Koffein – wie von Sinnen losfetzen) und auch wenn das ebenfalls lustig aussieht, ist es ein Zeichen für Überlastung.

Die Hunde rennen sich damit quasi den Stress aus dem Körper.

Spätestens jetzt ist es an uns, zu schauen, in welchen Situationen diese verrückten fünf Minuten auftreten und wie wir mehr Ruhe in den Moment, den ganzen Tag oder sogar das ganze Leben bringen.

Typische Gründe für Zoomies können sein:

- Zu viele neue Eindrücke auf einmal. Das passiert gerne, wenn wir mit unseren Hunden das erste Mal auf einer längeren Wanderung in einem neuen Gebiet sind, den Hund in die Stadt mitnehmen (hier können schon ein paar Minuten für einen vollen Kopf mit lauter neuen Informationen sorgen) oder wenn unser Hund neue Hundebekanntschaften macht.
- Der Hund erlebt Frust und kann damit noch nicht gut umgehen. Das sehen wir oft bei jungen Hunden, die gerade einen Artgenossen entdeckt haben und an der Leine daran gehindert werden, zu ihm zu laufen.
- Das Training war etwas zu anstrengend oder zu lang. Unsere Hunde kön-

Ben beginnt hier gerade zu überdrehen.

nen sich nur eine bestimmte Zeit lang konzentrieren, genau wie wir auch. Verpassen wir den Zeitpunkt des schönen Endes, kann es passieren, dass der Hund irgendeinen Quatsch macht, wie in die Leine zu beißen, um uns herum zu flitzen, hochzuspringen oder zu bellen. Das sind dann die sogenannten „Übersprungshandlungen".

- Eine Situation war unangenehm. Gleich wie bei etwas zu langem oder zu schwierigem Training kann auch eine unangenehme Situation zu Übersprungshandlungen führen. So gibt es Hunde, die nach dem Verlassen der Tierarztpraxis erst mal am Parkplatz ihre Runden rennen, herumspringen oder auch in die Leine beißen, buddeln oder Ähnliches zeigen.

Zu diesem Punkt zählen leider auch die gesundheitlichen Gründe für Übererregung und damit sind wir bei den Kurzschnauzen angelangt. Sie kämpfen quasi ständig ums Überleben (als kleines Experiment kannst du versuchen, das Treppenhaus zu erklimmen, während du durch einen Strohhalm atmest) und zeigen das oft durch Übersprungsverhalten.

Doch auch andere gesundheitliche Themen wie Schmerzen können im wahrsten Sinne des Wortes „überspielt" werden. In diesen Fällen ist eine Tierärztin die erste Ansprechperson.

Wenn wir ein bisschen reflektieren, lassen sich die Zusammenhänge meist recht schnell erkennen. Die Situationen dann umzugestalten, ist dagegen schon ein bisschen herausfordernder und kitzelt unsere Kreativität an die Oberfläche.

Handelt es sich um zu viele Eindrücke, können wir die Aktivitäten verkürzen, Pausen einlegen, ruhige Beschäftigung einbauen oder weniger spannende Orte wählen.

Bei Wanderungen können wir uns auch häppchenweise an die gewünschten Routen herantasten und entweder lange langweiligere Strecken oder kurze aufregendere Strecken wählen. Klappen die unabhängig voneinander gut, können wir sie wieder zusammenfügen.

Außerdem können wir längere Strecken erst einmal nur zum Teil gehen und dann umdrehen oder Pausen mit Entspannung einbauen (viele Hunde müssen das vorab draußen erst lernen). Der Rückweg ist meist schon wesentlich weniger aufregend (und damit auch besser für Übungen geeignet).

Eine zusätzliche Möglichkeit ist, alles aufzuschreiben, was dir auf einer Wanderung schon mal begegnet ist, und den Hund einzeln mit diesen Dingen oder Tieren bekannt zu machen, bevor die Wanderungen starten (Erfahrungsberichte aus Facebook-Gruppen helfen ebenfalls bei der Liste, wenn du Routen nimmst, die du selbst gehen würdest).

Hierbei kann der Vierbeiner auch gleich lernen, was er denn eigentlich machen soll, wenn ihr gemeinsam auf diese neuen Dinge trefft, denn dein Hund braucht ein „richtig". Ansonsten passiert einer der häufigsten Fehler im Zusammenleben mit Hunden.

Wir Menschen sind nicht vorbereitet, wissen nicht, was wir wollen, und wenn der Hund dann einen Fehler macht (er weiß ja nicht, was in unseren Augen richtig wäre), haben wir ein Problem.

An dieser Stelle wird dann oft korrigiert, was das Zeug hält, doch das ist nicht nachhaltig, denn ohne zu wissen, was eigentlich richtig wäre, kann der Hund nur zufällig ins Schwarze treffen. Ich möchte mich nicht auf Zufälle verlassen. Vor allem dann nicht, wenn es auch hundert mögliche (gefährliche) Fehlentscheidungen des Hundes geben könnte.

Abgesehen davon ist es für den Hund äußerst unfair, zwar eins auf die Mütze zu bekommen, aber keinen Deut in die richtige Richtung. Ist dagegen das Richtige gut genug trainiert, brauchen wir die Korrektur erst gar nicht.

Mach dir also vorher klar, was du gerne hättest.

Möchtest du, dass dich dein Hund bei einem Wildtier ansieht? Soll er bei einem fremden Menschen an den Wegesrand gehen und dort warten, bis der Fremde vorbei ist? Soll er sich von einem anderen Hund abwenden und höflich am Boden schnüffeln?

All das kannst du vorab trainieren.

So hat dein Hund schon eine Strategie parat und die Situation ist weniger aufregend.

Und genauso kannst du deinen Hund auch auf Unerwartetes vorbereiten.

Du trainierst hierbei einen sogenannten „Default", also ein Verhalten, das dein Hund sehr gerne und einfach macht und auf das er zurückgreifen kann, wenn er mal nicht weiterweiß.

Hierfür verwende ich sehr gerne das Nasentarget (zum Beispiel an meiner Hand).

Der Hund lernt also, mit seiner Nase meine Hand anzustupsen. Das lernen die meisten Hunde superschnell und gerne, und wenn sie regelmäßig dafür belohnt werden, zeigen sie es meist ohne weiteres Training auch in neuen Situationen … wir haben damit einen Default.

Du wirst sehen, je öfter dein Hund ein bestimmtes Verhalten (wie das Handtarget) zeigt und dafür belohnt wird, desto öfter greift er darauf zurück, selbst wenn er sich unsicher fühlt.

Bist du dir nicht sicher, welche Strategien für deinen Hund am besten passen, helfen der Profi-Blick eines Trainers von außen und ein gemeinsames individuelles Konzept.

So ein Konzept braucht es oft auch, wenn wir mit unseren Clowns in eine neue Aktivität starten. Begeisterung brauchen wir meist nicht suchen, allerdings kann die schnell überschießend sein und da auch die Clowns viel Kraft haben, wird so ein Hund im Vollgas und mit Allradantrieb schnell anstrengend.

Deshalb können wir am Beginn einer Aktivität Rituale einbauen, die die Aufregung ein bisschen reduzieren.

So kann es helfen, dem Hund vor dem Spaziergang die Möglichkeit zu geben, im Garten ein bisschen zu rennen, dann kann er ein paar Kekse einsammeln und wenn er sich etwas gefangen hat, geht es ganz entspannt los.

Je spaßiger eine Aktivität für den Hund ist, desto eher werden wir diese (übermäßige) Freude sehen.

Eine sehr typische Situation ist beispielsweise auch das Heimkommen der Bezugsperson. Kommst du also nach Hause und wirst sofort umgerannt, nimm es als Motivation für Training.

Auch hier gilt: Einfache Dinge bringen oft den schnellsten Erfolg.

Dein Hund kann beispielsweise lernen: Alle vier Füße auf dem Boden bringen ihm zusätzlich zur Begrüßung auch noch eine Belohnung ein (zum Beispiel ein kurzes Zerrspiel gefolgt von einer Kekssuche).

Da die Clowns meist sehr clever sind, lernen sie neue Sachen schnell und gerne (immerhin kann man da etwas mit dem Menschen machen), was wir uns hier zunutze machen können.

Und auch im Kontakt mit anderen Hunden brauchen die Clowns oft ein bisschen Hilfe. Sie sind vor allem sensiblen Artgenossen oft zu stürmisch und das kann zu Missverständnissen oder gar ungewollten Verletzungen führen (besonders kleine Hunde können sich durchaus verletzen, wenn sie umgerannt werden).

Je weniger aufregend solche Treffen gestaltet werden, desto einfacher ist es oft und deshalb bieten sich sogenannte Social Walks an.

Hierbei wird besonders anfangs auf die Wohlfühldistanz der Hunde und Ruhe geachtet und die Körpersprache beobachtet, um zu sehen, ob ein Kontakt von beiden Tieren erwünscht ist oder nicht.

Die Hunde können auch hier mit Suchspielen unterstützt werden, sodass die gesenkte Nase, der gestreckte Nacken und die Konzentration Tempo rausnehmen. Diese Aufmerksamkeitsteilung hilft auch beim Umgang mit Frust.

Möchtest du deinem Hund zusätzliche „Frustrationstoleranz" beibringen, gibt es ein paar Grundsätze zu beachten:

1. Frust ohne Strategie zu erleben, wird die Frustrationstoleranz nicht verbessern.
2. Selbstwirksamkeit und Alternativen helfen dagegen viel besser.
3. Da unsere Hunde durch die Einschränkung ihrer Freiheit (Zäune, Leinen und so weiter) ständig Frust aushalten müssen, sind eigene Übungen normalerweise nicht notwendig.

Du brauchst deinen Hund also nicht in Situationen bringen, wo er völlig durchdreht, damit er sie aushalten lernt.

Stattdessen kannst du ihm kleine Herausforderungen anbieten, die er alleine meistern kann. Schöne Möglichkeiten bieten hier verschiedene Futterspielzeuge und Suchspiele, besonders aber die therapeutische Futtersuche (findest du bei den Beschäftigungen).

Dein Hund muss sich anstrengen und je nach Spiel auch ein bisschen kreativ sein, um an seine Belohnung zu kommen.

Auch Übungen wie die Leinenführigkeit, an anderen Hunden vorbeigehen (beides begegnet uns weiter hinten im Buch) oder Beobachten statt Bellen am Gartenzaun sind ganz alltägliche Übungen zur Frustrationstoleranz.

Beachte hierbei, dass dein Hund nicht in den extremen Frust abrutscht, sondern schnell genug Erfolg hat, um die emotionale Balance zu schaffen.

Du kannst dir das in etwa so vorstellen, als wenn du eine Prüfung bestreitest. Du lernst und stellst dich dann dem Test. Wenn du dann lauter Fragen vorfindest, die nicht Teil des Lernstoffes waren, wirst du wissen, dass du sie nicht bestehen kannst, aufgeben und sehr frustriert aus der Prüfung rausgehen. Die negative Emotion Frust bleibt dir erhalten.

Sitzt du dagegen in der Prüfung und dir fällt auf eine Frage nicht gleich eine Antwort ein, nachdem du ein Weilchen grübelst, kommt der Geistesblitz allerdings, wird der Frust sofort von Erleichterung und Freude abgelöst.

Diesen Effekt wollen wir auch bei unseren Hunden erreichen.

In welchem emotionalen Bereich sich dein Hund bei den Spielen befindet, erkennst du am besten an der Körpersprache. Je ruhiger er sich mit der Aufgabe beschäftigt, desto weniger Frust ist im Spiel. Beginnt er dagegen, den Futterball beispielsweise durch die Gegend zu schleudern, kann das Frustlevel bereits grenzwertig sein. Passiert das, kannst du deinem Hund helfen und beim nächsten Versuch etwas Einfaches anbieten. (Hinweis: Viele Futterbälle sind anfangs einfach, solange sie gut gefüllt sind, und je leerer sie werden – also je länger sich der Hund damit beschäftigt –, desto schwerer fallen die Bröckchen heraus und desto frustrierender ist das Spiel.) Mit der Zeit wirst du sehen, dass dein Hund immer länger dranbleiben kann, ohne übermäßig frustriert zu werden.

Genauso verhält es sich dann auch in Alltagssituationen.

Beginnt dein Hund zum Beispiel zu jammern, wenn du dich beim Spazieren mit jemandem unterhalten willst, ist die Dauer vermutlich noch zu lang für ihn.

Du kannst, wie bei den Futterspielen, zuerst nur eine Sekunde stehen bleiben, dein Hund bekommt sofort eine Belohnung (immerhin ist er ja noch ruhig und das möchtest du ausbauen), und du gehst wieder weiter.

Das kannst du dann steigern, dich auch mal auf eine Bank setzen und dann auch mit jemandem unterhalten.

Anfangs braucht dein Hund dabei vielleicht häufig Belohnungen, denn die steuern ebenfalls dem Frust durch Freude entgegen. Die Belohnungsfrequenz wird mit der Zeit allerdings weniger, keine Sorge.

So kann auch Training am Frust Spaß machen und nachhaltig klappen.

Kommt dein Hund durch unangenehme Situationen in die Zoomies, kannst du dir ansehen, warum die Situation unangenehm war.

Zwar werden unsere Hunde in ihrem Leben immer mal wieder unangenehmen Momenten ausgesetzt sein, doch die alltäglichen Dinge können wir oft deutlich angenehmer gestalten.

Ein gutes Beispiel, das in fast jedem Hundehaushalt vorkommt, ist das Anziehen des Brustgeschirrs.

Ich sehe mir mittlerweile in meinen Beratungen immer an, wie dieser Start in den Spaziergang abläuft. Eigentlich sollte das Geschirr ja etwas sein, das freudige Erwartung auslöst. Doch in den meisten Fällen sehe ich zumindest einen Konflikt (Freude vs. unangenehm), nicht selten jedoch auch echte Angst. Das ist kein schöner Start in gemeinsame Unternehmungen und wir können das fast immer ändern.

Eine Möglichkeit ist, das Geschirr auszutauschen. Eventuell ist die Polsterung nicht angenehm, es passt nicht richtig oder der Hund mag einfach nichts über den Kopf ziehen. Für Letzteres gibt es Schnallen am Hals und für alles andere gibt es mittlerweile so eine Fülle an Optionen, dass wir aus dem Shoppen gar nicht mehr rauskommen.

Für meine Hunde waren die Schnallen am Hals so deutliche Gamechanger, dass ich mittlerweile keine „normalen" Geschirre mehr kaufen würde. Wir haben uns extrem viel Training dadurch erspart.

Dann kann der Hund lernen, das Geschirr freiwillig und von sich aus anzuziehen.

Jetzt sind wir in der Selbstwirksamkeit angekommen.

Sobald wir den Zwang in einer Situation durch Spaß ersetzen, wird sie für unsere Hunde viel angenehmer (kein Wunder) und oft sind wir überrascht, was unsere Hunde alles bereit sind mitzumachen, wenn wir ihnen nur die Option lassen, „nein" zu sagen.

Genauso verhält es sich auch mit Pflege (vom Pfotenabwischen bis zum Zähneputzen) und Berührungen.

Für die Pflege können wir mit Medical Training Kooperationssignale aufbauen, die unseren Hunden die Möglichkeit geben, eine Behandlung abzubrechen, wenn sie eine Pause brauchen, wie wir das schon weiter vorne gesehen haben.

Gimli gibt hier ganz freiwillig sein Pfötchen zum Abwischen her.

Wir können unsere Hunde sogar mit einem einfachen Test fragen, ob sie unsere Streicheleinheiten eigentlich gerade angenehm finden, indem wir die Hände für etwa fünf Sekunden wegnehmen und schauen, ob vom Hund eine Aufforderung kommt (ein auffordernder Blick, Anstupsen, Ablecken, Grunzen). Wenn nicht, lassen wir die Hände bei uns.

Und für alles, wo das nicht möglich ist und die Hunde durchhalten müssen (Blutabnahme zum Beispiel oder alles, was wir noch nicht trainieren konnten), können wir richtig ausgiebig belohnen, sodass wir wieder positive Emotionen in die Situationen einbringen und so eine Balance schaffen.

Von so einem Medical Training profitieren natürlich alle Hunde, nicht nur unsere Clowns.

Für sie im Speziellen können wir zusätzlich auf Phasen ganz allgemeiner Stressreduktion achten. Hierbei machen wir quasi Pause vom Alltag.

Wir schaffen uns eine Zeitspanne, in der wir wirklich abschalten können, wo nichts besonders Spannendes passiert und sich unser Nervensystem von all den Reizen erholen kann.

Ich schreibe hier „wir", weil das nicht nur unseren (überdrehten) Hunden zugutekommt. Auch wir leben in einer so schnellen Welt, dass unser Alltag oft mit Reizen überladen ist, und so steigt auch unser Stresspegel.

Vielleicht hattest du schon mal das Gefühl, dich in einen dunklen, stillen Raum zurückziehen oder einfach mal ausbrechen zu wollen. Oder dein Kopf fühlt sich unangenehm voll an, oder als wäre dein Gehirn vernebelt, die Konzentration schwindet und die Reizbarkeit steigt. Genau das sind Signale deines Körpers, so eine Pause einzulegen.

Wie groß so eine Reiz-Pause ausfällt, kommt ganz auf die Möglichkeiten und den Zustand deines Hundes an.

Manche Hunde brauchen einfach ein paar Spaziergänge in einer ruhigen Umgebung, anderen ist schon mit kürzeren Runden und mehr Kauen / Schlecken (dazu kommen wir später noch) geholfen, und wieder andere brauchen quasi Urlaub, also eine Phase, wo möglichst gar nichts passiert.

Für sie verzichten wir eine gewisse Zeit auf Besuch und darauf, sie an aufregende Orte mitzunehmen, und wählen unsere Aktivitäten mit Bedacht, sodass sie ihnen eher beim Entspannen helfen.

So kannst du zum Beispiel schauen, ob sich dein Hund mehr aufregt, wenn ihr eine Runde geht oder wenn ihr denselben Weg erst hin- und dann zurückgeht.

Ab welcher Dauer beginnen sich Falten im Gesicht deines Hundes zu bilden? Welche Umgebung beschleunigt deinen Hund? Besonders Wasser kann super aufregend sein.

Je mehr du deinen Hund beobachtest, desto besser lernst du ihn kennen und desto besser kannst du für ein natürliches Auf- und Ab an Aufregung und Entspannung sorgen, denn genau die brauchen unsere Clowns, um ein ausgeglichenes und glückliches Leben zu führen.

Entspannung können wir dabei dann auch gleich an verschiedene Gegenstände oder Gerüche knüpfen. Habt ihr beispielsweise ein Kuschelritual am Abend, kannst du ein Tuch mit einem verdünnten (1:10) ätherischen Öl, das ihr beide gerne mögt (zum Beispiel Vanille, Lavendel, Zitrone, Kamille, Jasmin), in eure Nähe legen.

Du wirst merken, nach ein paar Tagen reicht das Tuch aus und du fühlst dich entspannter, noch bevor die Session startet. So geht's auch deinem Hund.

Mögt ihr kein Öl, klappt dasselbe auch mit einem Wortsignal oder einem Gegenstand (zum Beispiel ein Stofftier), das dein Hund wahrnimmt, bevor die Session startet. Wichtig ist dabei nur, dass es immer vorher auftaucht und zuverlässig die Entspannung ankündigt.

Genau das hilft dir natürlich auch bei ängstlichen und unsicheren Hunden, die deine Unterstützung in verschiedenen Situationen brauchen und von Alltäglichem deutlich schneller überfordert sein können.

Spielen beim Wasser ist für viele Hunde sehr aufregend und sie drehen dabei richtig auf. Danach ist eine Entspannungspause angesagt, um wieder runterzufahren.

Der Hasenfuß

Die ängstlichen und unsicheren Hunde passen ein bisschen zu den Clowns, weil Unsicherheit von einigen Hunden auch mit Herumblödeln überspielt wird. Erkennen wir die Angst hinter dem Verhalten nicht, kann es uns passieren, dass wir den Hund immer wieder in unangenehme Situationen bringen, weil wir sein Verhalten lustig finden.

Falls dir das also schon passiert ist, bist du nicht allein.

Je besser wir unsere Hunde beobachten (Videos helfen hier ungemein) und ihre Sprache verstehen lernen, desto schneller erkennen wir dann die wahre Emotion hinter dem Kasperln.

Es gibt allerdings auch unter den starken Hunden solche, die ganz offensichtlich Angst haben. Sie machen sich klein, versuchen, unsichtbar zu werden und aus der Situation zu entkommen, die sie so das Fürchten lehrt.

Für uns Menschen ist so ein Verhalten bei einem starken Hund oft überraschend, denn das körperliche Erscheinungsbild würde so eine sensible Seite oft nicht vermuten lassen.

Jedes Tier kann Angst empfinden (wenn wir mal Schäden am Gehirn außen vor lassen, die das Angstempfinden ausschalten können).

Merkst du also bei deinem Hund, dass er sich in einer bestimmten Situation fürchtet, kannst du versuchen zu sehen, was genau Furcht auslöst und warum. Denn genau das ist wichtig, um ihn mit Training zu unterstützen.

Hilfe, es donnert wieder

Häufige Auslöser für Furcht sind Geräusche.

Sie haben eine besonders häufige Verbindung mit körperlichem Unwohlsein, weshalb ich bei Geräuschängsten immer zu einer tierärztlichen Abklärung (vor allem in puncto Schmerzen) rate. Verschlechtert sich die Geräuschangst zeitweise, ist diese Abklärung noch mal wichtiger.

Dabei gibt es Geräusche, die ganz natürlich Furcht auslösen, denn sie sind biologisch mit etwas Bedrohlichem verbunden. Hierzu gehören vor allem tiefe, laute Geräusche, denn sie können nur von einem großen (also potenziell gefährlichen) Klangkörper erzeugt werden.

Falls du jetzt spontan an Gewitter und Schüsse gedacht hast, liegst du genau richtig. Diese Geräusche werden also ganz natürlich als bedrohlich eingeschätzt. Hinzu kommt, dass diese Geräusche keinem vorhersehbaren Muster folgen, und das ist für Hunde besonders schwer einzuordnen.

Tief (und laut) gilt allerdings auch für viele Männerstimmen. Reagiert ein Hund also skeptisch auf dich, nimm's nicht persönlich. Hat ein Hund in seinen ersten Lebenswochen keine Männer kennengelernt, kann er den Klang der Stimme als bedrohlich einstufen und so Angst vor Männern entwickeln (wobei hier auch das Auftreten und der Geruch eine Rolle spielen können).

Es gibt jedoch auch Geräusche, die ursprünglich bedeutungslos waren und durch negative Erfahrungen mit Furcht verknüpft werden. So kann ein Hund vor einem herunterfallenden Topf erschrecken und danach den Klang von Metall fürchten und seinen Futternapf meiden. Genauso geht es auch vielen Hunden, die von einem Insekt gestochen werden und sich dann vor dem Summen fürchten. Oder Hunden, die nach einer unschönen Hundebegegnung bei dem Geräusch der Hundemarke oder Flexi-Leine reagieren. Der Hund überträgt also das unschöne Erlebnis auf verschiedene Dinge, die er in dem Moment wahrgenommen hat.

Das kann auch der Ort, ein Geruch, eine anwesende Person, die Tageszeit oder sonst etwas sein. Genau darum sind Strafen (oder „Korrekturen") auch so oft mit unerwünschten Nebenwirkungen versehen, denn dabei kann genau dasselbe passieren. So ist es möglich, dass ein Hund, der vor einem Fahrradfahrer, der plötzlich von hinten angebrettert kam, erschrickt, die nächsten Tage an dieser Kreuzung zögert, nicht weitergehen will, sich ständig umsieht oder beginnt, an der Leine zu ziehen.

Eventuell sehen wir allerdings in diesen Situationen gar keine Angst, sondern einen Hund, der pöbelnd in der Leine hängt. Das bedeutet nicht, dass der Ursprung des Verhaltens nicht Angst ist. Generell ist der häufigste Grund für Aggression die Angst.

Starten wir also mit Training gegen Angst, sind wir auf der sicheren Seite, denn wenn Hunde keine andere Strategie mehr haben, wird die Aggression immer wahrscheinlicher.

Wir brauchen also kleine Challenges, die für unsere Hunde schaffbar sind und die einzelnen verknüpften Bausteine wieder neutralisieren.

So könnten wir einen „gefährlichen" Ort entschärfen, indem wir in der Nähe mit dem Auto parken, unseren Hund im eigenen Tempo aussteigen lassen, ein Suchspiel (am besten die vorher ritualisierte therapeutische Futtersuche) machen und jederzeit den Rückzug ins sichere Auto offen lassen.

Die Annäherung an den Ort wird so ermöglicht, nicht erzwungen, und der Hund kann sich im eigenen Tempo selbstwirksam überwinden.

Solche negativen Erfahrungen muss es jedoch nicht unbedingt gegeben haben.

Oft vermuten wir Menschen bei ängstlichen Hunden furchtbare Horrorgeschichten von Misshandlung und schrecklichen Erfahrungen. Viel häufiger jedoch haben sogenannte Angsthunde schlicht gar keine Erfahrungen gemacht.

Lernen Hunde in den ersten Lebenswochen zu wenig kennen, können sie keine generelle positive Erwartungshaltung aufbauen und reagieren skeptisch bis ängstlich auf alles Neue.

Wir können uns das in etwa so vorstellen: Ein Welpe, der fünf verschiedene neue Menschen kennenlernt und alle fünf als freundlich, verspielt oder auch neutral erlebt hat, wird bei der sechsten Person bereits eine positive Erwartungshaltung haben (die fünf ist hier eine Hausnummer, es kann durchaus mehr brauchen). Er erwartet also gute Dinge. Er hat Menschen generalisiert.

Lernt er allerdings nur einen Menschen kennen, fehlt ihm dieser Erfahrungsschatz und er weiß weder, dass es ganz viele verschiedene Menschen (wir dürfen nie den Eigengeruch unterschätzen) gibt, noch, dass er grundsätzlich nichts Schlimmes von ihnen erwarten muss.

Genauso verhält es sich mit Geräuschen, Objekten, Untergründen, anderen Tieren, Artgenossen und so weiter.

Möchtest du ein Geräusch gezielt trainieren, kannst du sehr gering dosiert beginnen. Bei kurzen Geräuschen lasse ich gerne das Geräusch einmal leise abspielen und gebe direkt danach Marker und eine sehr hochwertige Belohnung (dein Hund muss mindestens beginnen, Samba zu tanzen, so geil ist dein Angebot). Das klappt wunderbar mit Handy-Aufnahmen.

Bei länger andauernden Geräuschen (zum Beispiel Gewitter) können wir auch gut mit Beschäftigung arbeiten. Hierbei drehen wir erst das Geräusch auf und starten dann die Beschäftigung. Die Lautstärke ist ebenfalls so gering, dass dein Hund nicht (!) reagiert, und die Beschäftigung muss schon vorher wirklich gut aufgebaut und sehr beliebt sein. Etwas natürlich Hündisches wie Futtersuchen eignet sich hier besonders gut.

Reagiert dein Hund freudig auf das Abspielen des Geräuschs, kannst du die Intensität sehr vorsichtig steigern.

Möchte dein Hund beim tatsächlichen Auftreten eines bedrohlichen Geräuschs irgendwas Bestimmtes machen, darf er das. Manche Hunde möchten gerne aus dem Fenster schauen, woher das Donnern kommt, manche Hunde möchten sich im Keller verstecken, andere springen einem quasi in den Arm.

Alles ist erlaubt, was dem Hund hilft und niemandem schadet.

Auch Social Support ist jederzeit erlaubt. Du kannst die Angst keinesfalls damit verstärken, dass du für deinen Hund da bist. Immerhin hast du auch nicht mehr Angst vor dem Zahnarzt, nur weil deine Partnerin dich in den Arm nimmt, oder?

Die Mülltonne hat angefangen!

Genauso verhält es sich auch mit anderen Dingen und Lebewesen. Ängste können also ganz verschieden und vor allen möglichen Dingen auftauchen. Je lauter, beweglicher und größer die Dinge, desto gefährlicher werden sie in der Regel wahrgenommen.

Hinzu kommt, dass Hunde in ihren Unsicherheiten besonders an Mustern hängen. Sieht also die übliche Runde um den Wohnblock (die bisher als halbwegs sicher eingestuft wurde) plötzlich anders aus, weil eine Mülltonne am Gehweg steht, bricht das Muster in sich zusammen und der Hund verliert dieses Konstrukt.

Besonders Herdenschutzhunde sind unglaublich gut darin, ihre Umgebung abzuspeichern und kleinste Veränderungen wahrzunehmen. Das brauchten sie bei ihren Herden, um mögliche Feinde schnell und sicher zu erkennen und auch zu entspannen, solange alles ihre Ordnung hat.

Wieder einmal sind wir uns dabei sehr ähnlich. Versuch einfach mal, an einem beliebigen Tag die Mülltonne an die Straße zu stellen und beobachte, wie die Nachbarn reagieren … Langweilig wird dir dabei sicher nicht.

Deshalb ist es so wichtig, so viele Sicherheitsanker wie möglich zu haben und unseren Hunden so viel Verhaltensrepertoire wie möglich zur Verfügung zu stellen. Genau wie beim Alleinbleiben bietet mehr Handlungsspielraum auch bei Ängsten eine gewisse Basis, die uns das Training ganz allgemein erleichtert.

Fürchtet sich dein Hund vor immer denselben Gegenständen, kannst du sie ihm gezielt vorstellen, indem du ihn in ausreichend Abstand beobachten lässt. Natürlich kann dein Hund auch alles ausprobieren, was sicher ist. Möchte er hingehen und erkunden? Super! Geh mit und macht es gemeinsam. Wichtig dabei ist nur, dass diese Initiative vom Hund ausgeht, denn wenn wir Menschen vormachen, kann das zum Konflikt führen („Ich will zu meinem Menschen, aber das Ding macht mir Angst"). Schlimmer noch wäre das Locken mit Futter zu etwas Gruseligem. Deshalb lassen wir das.

Du kannst auch den Blick zum Objekt und weg vom Objekt markern und mit Abstand und einem Keks belohnen (man nennt das auch „Click für Blick").

Hat jemand ein paar positive Emotionen bestellt?

Genau die schenken wir jetzt deinem Hund. Die Übung ist grundsätzlich recht einfach, denn zu Beginn braucht dein Hund nur hinschauen und bekommt dafür Marker und Belohnung (also die positiven Emotionen). Die Herausforderung liegt im Detail.

Da „Click für Blick" auch besonders für Begegnungen sehr hilfreich ist, hier aber sehr schnell ein Starren antrainiert werden kann, müssen wir den richtigen Moment erwischen. Starren wollen wir auf keinen Fall, denn es ist drohend dem anderen Hund gegenüber und führt möglicherweise zu Konflikten.

Achte also darauf, dass du deinen Hund erwischst, wenn sein Gesichtsausdruck (vor allem die Augen) weich ist. Vergleiche hier am besten damit, wie dein Hund in entspanntem Zustand aussieht.

Wird der Blick deines Hundes härter, der Körper spannt sich an, der Schwerpunkt wandert nach vorne und der Mund schließt sich, versuche es mit mehr Abstand und markere das Abwenden anstatt des Hinschauens.

Bist du dir anfangs unsicher, warte einfach maximal drei Sekunden und gib dann dein Aufmerksamkeitssignal, ein Handtarget oder ein „Let's Go", um die Distanz zu vergrößern.

Grundsätzlich gibt es unterschiedliche Blicke, die du markern kannst.

Bei manchen Monstern wird dein Hund von sich aus wegsehen können, bei manchen wird er zu dir schauen (nach Hilfe fragen) und bei manchen wird er den Blick nicht abwenden können, obwohl alle in derselben Distanz sind.

Das kann an der Situation, der Tagesverfassung oder dem Monster selbst liegen. Deshalb kannst du sowohl den Blick zum Hund / Mensch / Objekt, den Blick zu dir oder den Blick weg markern.

Woher weißt du jetzt, wann du markern sollst? Mit der Zeit bekommst du ein Gefühl dafür.

Anfangs markere einfach den Blick zum Monster für fünf Wiederholungen. Dann warte (maximal drei Sekunden), ob dein Hund irgendwo anders hinschauen kann. Wenn ja, markere das. Wenn nicht, markere nochmal fünf Blicke zum Monster oder geh ein Stück weg.

Click für Blick

Click für Blick

Start:

Du bist mit deinem Hund (in voller Ausstattung) in einer Distanz zum Auslöser, wo ihr beide noch völlig entspannt seid. Das können anfangs auch mal 200 Meter oder mehr sein (vor allem, wenn dein Hund bei Geruch bereits unruhig wird).

Ziele:

Dein Hund wendet bei Sichtung eines Auslösers von sich aus den Blick sofort ab.

Trainingsschritte:

1. *Dein Hund sieht zum Auslöser => Sofort Marker + Belohnung.*

   ***Tipp:** Zwischen Hinsehen und Marker sollte bestenfalls nur eine Sekunde liegen. Belohne deinen Hund in die entgegengesetzte Richtung von der Gefahr, sodass er den Kopf abwendet. Du kannst dich auch so positionieren, dass dein Hund zu dir schaut, um die Belohnung zu nehmen und sich dabei abwendet. Viele Hunde schaffen anfangs nicht, den Kopf weit zu drehen, es reicht schon ein Zentimeter.*

2. *Dein Hund sieht zur Gefahr, dann zu dir (er erwartet bereits eine Belohnung) => Marker + Belohnung*

   ***Tipp:** Kann sich dein Hund nicht von selbst abwenden, kannst du ihm mit deinem Aufmerksamkeitssignal helfen. Geh dann ein Stückchen weg und schau, ob er sich selbst abwenden kann.*

   ***Tipp:** Jeder Blick weg vom Auslöser bringt ihm eine Belohnung. Je nach Schwierigkeit und Interesse an der Umgebung wird er etwas anderes oder dich ansehen können.*

3. *Verringere die Distanz zum Auslöser.*

   ***Tipp:** Sei hier ganz besonders vorsichtig. Kommt dein Hund zum Point of no Return (zeigt Stress oder gar Angst), warst du zu schnell. Vergrößere locker und ruhig die Distanz und starte den nächsten Versuch von weiter weg. Halte die Distanz immer so, dass dein Hund entspannt ist.*

Remember me

Welchen Blick du markerst, wird sehr unterschiedlich sein. Vermeide ein Starren, indem du deinen Hund genau beobachtest. Wird der Blick hart/geweitet, der Körperschwerpunkt verlagert sich nach vorne/hinten, die Rute geht hoch/runter, die Bürste stellt sich, die Beine drücken sich durch/knicken ein, der Mund schließt sich, die Atmung verändert sich, wird die Distanz zu nahe.
Im Zweifel kannst du anfangs auch bis maximal drei zählen. Diese Variante ist allerdings nur eine Notlösung, da viele starke Hunde gerne länger beobachten, ohne zu starren. Dennoch kann sie helfen, bis du die Veränderungen an deinem Hund erkennen kannst.

Du kannst zu dieser Übung auch ein bewusstes Weggehen nehmen. Hierbei gehst du los, wenn dein Hund zu dir schaut, und gibst den Keks in der Bewegung.

Wenn Weggehen mal nicht gut möglich ist, kannst du auch Distanz vergrößern, indem du deinen Hund an deiner Seite (die von der Gefahr abgewandte) belohnst. Auch das Wegdrehen des Kopfes oder des Körpers ist eine Distanzvergrößerung.

Auch Suchspiele in ausreichend Abstand zum Objekt sind eine gute Option, um Verhalten in Anwesenheit des Dings zu üben.

Bei Personen können wir die gleichen Übungen verwenden und auch hier lassen wir nicht die Personen füttern, um den Konflikt zu vermeiden, sondern belohnen selbst. So schaffen wir ein besseres Gefühl und feiern schneller Erfolge.

Kommen allerdings immer neue Objekte hinzu oder es gibt keine Fortschritte, empfehle ich, vor allem die Gesundheit und den Stresspegel zu überprüfen.

Für die Gesundheit lohnt sich auch gerne mal ein Gang zur Spezialistin und im Zweifel zum Verhaltensmediziner.

Die Welt als Horrorfilm

Ängste können allerdings auch unspezifisch auftreten. Davon sprechen wir, wenn wir keinen genauen Grund für die Angst erkennen können. Der Hund scheint sich also einfach so oder vor Geistern zu fürchten.

Genau genommen sprechen wir erst dann von der Angst, denn solange es einen konkreten Auslöser gibt, handelt es sich um Furcht (die Begriffe werden oft synonym verwendet, deshalb halte ich das ebenfalls nicht so streng).

Manchmal erkennen wir mit der Zeit neue Zusammenhänge. Dein Hund könnte also zum Beispiel draußen ohne Grund Angst haben, wenn Wolken am Himmel sind.

Hier liegt die Vermutung nahe (wir können ja nicht fragen), dass er sich vor Gewitter fürchtet und gelernt hat, dass Gewitter zu einer bestimmten Jahreszeit bei bewölktem Himmel wahrscheinlich sind.

Dein Hund hat die Angst also generalisiert. Das heißt, er hat verschiedene Dinge in der Umwelt mit dem beängstigenden Reiz verknüpft, sodass er annimmt, es könnte wieder gefährlich werden. Die Erwartungshaltung ist also negativ (und vielleicht hast du schon von der Angst vor der Angst gehört, die genau in diese Richtung geht).

Das klingt nach einer erstaunlichen Gehirnleistung, ist allerdings einfach ein sehr praktisches, natürliches Phänomen, welches das Überleben in tatsächlich bedrohlichen Situationen sichert, denn das Tier würde die Situation potenzieller Gefahr meiden. Deshalb passiert die Generalisierung von Angst super schnell.

Für uns im Alltag ist das allerdings natürlich oft anstrengend, denn wir sehen oft nicht, wovor sich der Hund eigentlich fürchtet, und so kann es passieren, dass wir mit dem Training an einer Stelle beginnen, die gar nicht so wichtig wäre.

Der Vorteil ist, dass Training, sofern es gut gemacht ist, immer die Beziehung stärkt und auch das Selbstbewusstsein des Hundes unterstützt.

Wir brechen aus!

Was können wir also üben, um die Ängste unserer Hunde abzubauen und das Selbstbewusstsein zu stärken?

Einerseits können wir gruselige Dinge mit positiven Emotionen verknüpfen. Wir verändern also die Emotionen unserer Hunde (wobei wir die ursprüngliche Emotion nicht löschen können, sondern nur überlagern, weshalb es zu Rückschritten kommen kann, vor allem, wenn gesundheitliche Probleme auftauchen). Vielleicht denkst du dir jetzt, dass das langwierig und schwierig klingt, und damit hast du in vielen Fällen recht.

Angst ist ein sehr komplexes Gefühl, und je nachdem, wie intensiv es empfunden wird und ob ein Trauma dahintersteckt, kann die Veränderung unterschiedlich lang dauern. Das kann für uns Menschen zum Teil auch eine riesige Herausforderung werden, denn wir wollen unsere Hunde fröhlich und losgelassen sehen. Die Angst kann also sehr frustrierend im Training und Alltag sein und für einige Umstellungen sorgen. Dazu kommt, dass wir so gut wie immer Rückschritte im Training haben. Das liegt nicht etwa daran, dass wir Fehler machen (wobei das auch vorkommen kann), sondern an vielen verschiedenen Faktoren wie Hormonhaushalt, Reizdichte (also wie viele Dinge der Hund gleichzeitig wahrnimmt), Tagesverfassung und vielem mehr.

Deshalb ist es sinnvoll, das Thema Angst nicht nur an einem Punkt anzugehen und zusätzlich an die eigene Psychohygiene zu denken.

Während meines Zusammenlebens mit Angsthund (alle meine Hunde hatten vor irgendetwas Angst, doch einer sticht mit generalisierter Angst und vielen gesundheitlichen Themen heraus) war mir immer mal wieder nach Aufgeben zumute. Wir haben sehr viel in unserem Leben angepasst, damit er sich wohlfühlen kann, und erst mit der Zeit konnte ich lernen, mit Rückschritten umzugehen und jeden Tag so zu nehmen, wie er ist. Mir haben dabei das Fitnessstudio, Yoga, Meditation, die Natur und regelmäßiges Herumalbern mit und ohne Hund geholfen. Je kindischer, desto besser. Wenn wir wieder lernen zu spielen, wird das Leben tatsächlich oft ein bisschen leichter.

Und wenn wir merken, dass sich unsere Hunde vor etwas Speziellem fürchten, können wir markern und ihnen eine Belohnung mit zusätzlichem Abstand anbieten.

Handelt es sich um ein Geräusch, ist der Abstand zwar oft nicht möglich, die Belohnung können wir allerdings trotzdem anbieten.

Das klappt auch, wenn der Hund bereits erschrocken ist und sogar, wenn er sich schon zurückziehen möchte.

Diesen Rückzug sollten wir dabei ermöglichen, und wenn der Hund die angebotene Belohnung nicht nehmen möchte, loben wir einfach stimmlich.

Keine Sorge, du kannst die Angst dadurch nicht verstärken, denn die Gefühle sind gegensätzlich. Wenn du dich erschrickst und danach dein Lieblingslied hörst, wirst du deshalb auch nicht mehr Angst empfinden, oder?

Zusätzlich zu den positiven Emotionen für spezielle gruselige Dinge können wir das Selbstbewusstsein unserer Hunde ganz allgemein stärken.

Hierfür haben wir mehrere Möglichkeiten. Wir können also durchprobieren, was uns und unseren Hunden am meisten Spaß macht.

Körpergefühl erhöhen:

Je besser unsere Hunde ihren eigenen Körper einschätzen und bewegen können, desto sicherer fühlen sie sich in ihrer Haut. Diese Fähigkeiten können wir schulen, indem wir die Hunde über Gegenstände (zum Beispiel Baumstümpfe) klettern lassen, Tricks trainieren oder Körperbandagen anlegen. Auch das Thundershirt (eine enge Weste) wirkt ähnlich wie Körperbandagen. Es gibt den Hunden ein Gefühl der Geborgenheit.

Und natürlich muss hier auch die Gesundheit einbezogen werden. Starke Hunde haben oft gesundheitliche Einschränkungen im Bereich des Bewegungsapparates. Es gibt aber auch viele andere Dinge, die ein Unwohlsein verursachen können. Wie bei uns auch, kann alles am Körper wehtun oder unangenehm sein.

Fällt dir also auf, dass dein Hund komisch geht, den Kopf eingeschränkt bewegt, irgendwo zuckt oder plötzlich eingerollt statt gestreckt schläft (eigentlich alles, was von der Norm abweicht), kannst du bei einem spezialisierten Tierarzt um eine Abklärung bitten.

Senioren können mit individuellen Übungen für das Körpergefühl länger ihre Muskelmasse behalten und so ihre Gelenke schonen.

Erfolg:

Jeder kleine Erfolg macht ein gutes Gefühl und stärkt das Selbstbewusstsein (der Hund macht die Erfahrung, etwas schaffen zu können). Diese Erfolge können wir unseren Hunden geben, indem wir Schnüffelspiele, Intelligenzspiele, Tricks oder auch Alltagstraining mit den Hunden machen. Im Prinzip ist jedes Markersignal und jede Belohnung ein kleiner Erfolg. Die Kunst liegt dabei darin, dass wir die Spiele herausfordernd machen, aber nicht zu schwer, um Frust zu vermeiden. So kann ein ängstlicher Hund schon einen Riesenerfolg mit Überwindung feiern, wenn er sich nachts einen Meter aus dem Versteck raustraut, um eine Schachtel mit Leckerli einzusammeln und sie im Versteck auszupacken. Ein anderer wird erst beim Erschnüffeln der von uns gewünschten Mineralwassersorte aus fünf anderen Mineralwasser-Marken richtig warm. Wir haben also Unmengen an Möglichkeiten.

„Nein“ sagen dürfen:

Kann ein Hund in unangenehmen Situationen um eine Pause bitten oder sogar entscheiden, die Situation zu verlassen, wird ihm dies deutlich einfacher fallen.

Genau das machen wir uns im Medical Training zunutze. „Nein“ akzeptieren gilt aber nicht nur für Medical Training, sondern auch für alltägliche Dinge wie den Spaziergang, angefasst werden, essen und so weiter. Möchte dein Hund also nicht raus, muss er nicht.

Sitzt ihr zusammen am Sofa, nimm immer wieder die Hand weg und schau, ob er nach Weiterstreicheln fragt, indem er dich anstupst, fragend ansieht oder Ähnliches. Möchte dein Hund am Spaziergang wieder umdrehen, ist auch das in Ordnung.

Entscheidungen treffen:

Je mehr wir unseren Hunden die Wahl über ihr eigenes Leben lassen können, desto mehr erfahren sie Selbstwirksamkeit und Eigenständigkeit, und das wiederum macht mutig.

Vielleicht hast du jetzt Sorge, das könnte zu Kontrollverlust und Streit führen, doch das Gegenteil ist der Fall. Je selbstbewusster unsere Hunde durchs Leben gehen, desto mehr können wir uns auf sie verlassen, wenn wir wirklich gut zusammenarbeiten (das erreichen wir durch Training).

Möchtest du deinem Hund also kleine Entscheidungen überlassen, kannst du beispielsweise mit Kauartikeln beginnen. Bereite mehrere in etwas Abstand zueinander in einem Raum vor und lass deinen Hund in einem anderen Raum warten. Hast du die Leckereien ausgelegt, lässt du deinen Hund dazukommen, und er kann sich das aussuchen, nach dem ihm gerade am meisten ist.

Du kannst deinen Hund auch auf dem Spaziergang aussuchen lassen, ob er lieber links oder rechts abbiegen möchte (zeitlich passende Wege kannst du vorab auswählen).

Oder ihm die Wahl lassen, ob er lieber im Haus oder im Garten liegen möchte. All diese kleinen Momente wirken unscheinbar, sie geben unseren Hunden aber etwas Selbstbestimmtheit zurück.

Klein Ben hier hat entschieden, dass es sich bei seinen Menschen doch besser schläft als in seinem Körbchen.

Kann dein Hund noch gar nichts mit dir gemeinsam machen und versteckt sich irgendwo, lass dir bitte nicht einreden, ihn mit Handfütterung (der Hund bekommt seine Mahlzeiten dabei nur aus der Hand) da rauszubekommen. Das ist nur eine beschönigte Form des Zwangs (er muss ja essen, um zu überleben, und dafür muss er sich dir nähern … sehr unschön).

Stattdessen kannst du ihm durch Selbstbeschäftigung wieder kleine Challenges stellen, die ihm bei der Bedürfnisbefriedigung helfen und ihm ein Gefühl der Sicherheit geben, denn niemand will etwas von ihm.

Das können Schachteln mit Leckerli sein (besser noch die therapeutische Futtersuche), ein Schnüffelteppich, Futterspielzeuge und alles so einfach gestaltet, dass sich dein Hund wirklich traut, sie zu bearbeiten.

Hat dein Hund eine Geschichte mit Hunger, kann sogar das zu viel sein, und er braucht das Gefühl, unbegrenzt Futter zur Verfügung zu haben, um sich sicher zu fühlen. Das müsste man sich dann individuell ansehen und eventuell auch tierärztlich abklären lassen.

Grundsätzlich gilt: Wer Angst hat, bestimmt das Tempo der Annäherung. In dem Fall der Hund.

Das sind ja schon sehr viele Möglichkeiten, um mit unseren Hunden gemeinsam zu arbeiten, und vielleicht kam dir beim Lesen der Gedanke, dass die Übungen ja eigentlich Beschäftigung sind. Damit hast du recht!

Positive, fröhliche Beschäftigung stärkt die Bindung, erleichtert es deinem Hund, aus dem Schneckenhaus zu kommen, und erhöht das Selbstbewusstsein. Deshalb findest du weiter hinten auch ein eigenes Kapitel über Beschäftigung.

Aber es gibt noch mehr.

Wenn wir wieder an eine spezielle Situation denken, wo sich unsere Hunde fürchten, können wir ihnen eine Strategie beibringen, wie sie mit der Situation umgehen können, um sich sicherer zu fühlen.

Dazu gehört auch immer eine Möglichkeit, sich wieder aus der Situation zu entfernen, falls alles zu viel wird. Also eine Exit-Strategie. Auch damit geben wir unseren Hunden Selbstwirksamkeit zurück und führen sie aus der Angst.

So eine Strategie ist sehr individuell, und wir Verhaltenstrainer tüfteln sie mit unseren Teams gemeinsam aus. Möchtest du dich da allein ranwagen, kannst du dir ansehen, welche Übung dein Hund sehr gerne macht und was er von sich aus anbietet.

Zieht dein Hund zum Beispiel immer von fremden Menschen weg, kannst du trainieren, einen Bogen zu laufen. So baust du das Bedürfnis deines Hundes ins Training ein, was dir viel schnelleren Erfolg bringt (nicht nur beim Hasenfuß).

Möchte sich dein Hund bei Hundebegegnungen hinter dir verstecken, kannst du diese Position als Standard trainieren und den anderen Hund entweder wegschicken oder ein Namensspiel beginnen.

Schwierigkeiten mit Begegnungen können, müssen aber keine Zeichen dafür sein, dass dein Hund eher ein Einzelgänger ist.

Der Einzelgänger – no touchy feely

Bei manchen Hunden hat man das Gefühl, sie bräuchten niemand anderen auf der ganzen Welt. Vielleicht mit Ausnahme ihrer Bezugsperson oder des inneren Kreises der Familie.

Sie sind Einzelgänger.

Manchmal haben diese Hunde nie gelernt, was sie mit einem Menschen oder Artgenossen anfangen sollen. Unter ihnen gibt es dann diejenigen, die schon neugierig wären, aber noch skeptisch und vorsichtig, aber auch die, die keinen Kontakt möchten (beides kann natürlich auch durch schlechte Erfahrungen hervorgerufen werden).

Ich brauche nur MEINEN Menschen

Vor allem ängstliche Hunde können schnell abweisend auf uns Menschen wirken. Viele starke Vierbeiner neigen nämlich dazu, in ihrem Unwohlsein nicht nach vorne zu gehen, sondern sich zurückzuziehen. Sie halten Abstand, fressen alles in sich hinein und wirken auf uns desinteressiert.

Treffen wir auf so einen Hund, brauchen wir ein gutes Verständnis der hündischen Körpersprache und eine gute Beobachtungsgabe (was sich beides glücklicherweise üben lässt). Wir können aus dem Kontext und aus dem Gesamtbild des Hundes herauslesen, ob es ihm gut geht.

Nach folgenden Zeichen kannst du besonders Ausschau halten:

- Geweitete Augen (das Weiße ist sichtbar) und / oder ein Schielen von unten in deine Richtung
- Falten im Gesicht (meist in Kombination mit Hecheln)
- Eine tiefer getragene Rute
- Zittern
- Urinieren / Koten
- Eingerollte Körperposition
- Zurückgelegte Ohren mit glatter Stirn
- Schwitzige Pfoten(abdrücke)
- Weitere Stresssignale (Kopf abwenden, Pfote heben, züngeln, Blick abwenden, Vorderpfoten heben, sich kratzen, schnüffeln, sabbern, Stirnrunzeln, Augen zusammenkneifen, Mund aufblasen, grinsen)
- Kopf abducken
- Plötzliche Schuppenbildung
- Angespannte Muskulatur

Züngeln, zurückgelegte Ohren, zusammengekniffene Augen: ein überdeutliches Stressgesicht.

Manchmal sind die Stresssignale aber viel subtiler und nicht so leicht erkennbar wie hier: geweitete Pupillen, „Sorgenfalten“ über den Augen und Hecheln.

Übrigens, typisch für das Unverständnis so vieler Menschen ist der Bildkommentar der Fotografin zu obigem Foto in der Bilddatenbank:
„A happy Pit Bull Terrier mixed breed smiling“ – nichts könnte weiter entfernt von der Wahrheit sein!

Auch hier überdeutliche (und verständliche!) Stresssignale bei beiden Hunden: zurückgelegte Ohren, glatte Stirn, zurückgezogene Lefzenwinkel bei geschlossenem Maul, Weiß im Auge: Die Einzige, die auf diesem Bild glücklich aussieht, ist die Frau – und sie hat Glück, keinen Biss ins Gesicht abzubekommen. Bring deinen Hund nie in eine solche Situation nur für ein vermeintlich „nettes“ Foto!

Besonders Letzteres sieht man bei kurzfelligen Hunden sehr gut, wobei all diese Zeichen allein noch keine Angst ausdrücken müssen. Es kommt auf die Gesamtsituation und das restliche Verhalten deines Hundes an.

Ich beobachte zum Beispiel oft, dass Menschen sehr freudig versuchen, ihren Hund zum Mitmachen zu bewegen, und der Hund lehnt sich eher weg, legt die Ohren an, schaut sich um und bewegt sich keinen Millimeter.

Dieser Hund ist nicht etwa stur oder eigenbrötlerisch, sondern weiß nicht, was er mit dem menschlichen Verhalten anfangen soll. Also wartet er sicherheitshalber erst einmal ab und schaut sich schon mal nach einem möglichen Fluchtweg für den Notfall um.

Bemerkst du solche Anzeichen an deinem Hund, kannst du schauen, was sie verursacht hat (Videos helfen hier ungemein) und die Situation dahin gehend verändern.

Beugst du dich beim Rückruf beispielsweise vor und starrst deinen Hund an, der dann langsamer wird, einen Bogen läuft oder ganz wegbleibt? Dann sagt dein Körper etwas anderes als dein Signal, und du kannst dich seitlich drehen oder in die Hocke gehen, um die Situation für deinen Hund einladender und eindeutiger zu machen.

Doch vielleicht ist dein Hund dir gegenüber total aufgeschlossen, findet andere Menschen aber nicht so prickelnd. Das erleben wir mit vielen starken Hunden und ist auch zuchtgeschichtlich teilweise so gewollt (die Wächter sind hier Vorzeigehunde).

Sie verhalten sich bestenfalls höflich ignorant und nehmen keinen Kontakt zu Fremden auf. Das sollten wir unbedingt respektieren und nicht versuchen, sie zwanghaft zu vergesellschaften. Besonders das Anfassen von Fremden ist für diese Hunde höchst übergriffig und kann zu ernsthaften Konflikten führen.

Allerdings gibt es natürlich Situationen, wo wir unseren Einzelgängern spezielle Menschen vorstellen möchten, mit dem Ziel, dass auch dieser neue Mensch etwas mit dem Hund unternehmen kann (ich denke da zum Beispiel an neue Partner oder auch Hundesitter). Dann ist es an uns, den Kontakt so positiv wie möglich zu gestalten.

Schon beim Territorium haben wir die höfliche Annäherung besprochen. Hier können wir ein ähnliches Training nutzen. Wir treffen die neue Person bestenfalls auf neutralem Boden, wo sich der Hund wohlfühlt.

Die Person verhält sich neutral und versucht nicht, den Hund zu sich zu locken.

Dann haben wir zwei Möglichkeiten. Entweder wir geben dem Hund die Zügel in die Hand und überlassen ihm die Annäherung, wobei wir eingreifen, wenn Spannung in die Übung kommt.

Alternativ können wir auch gezielt (zum Beispiel mit Handtarget) an der Annäherung arbeiten und belohnen, wenn sich der Hund mit der neuen Person beschäftigt.

Wie schnell das klappt, hängt vom Hund und seiner Geschichte ab.

Keinesfalls sollten wir versuchen, den Hund mit Locken (Leckerli oder selbst hingehen und „vormachen") näher an den

Menschen zu bringen. So erzeugen wir einen Konflikt und die Begegnung ist mit unangenehmen Emotionen verbunden.

Freiwilligkeit ist immer nachhaltiger.

Es gibt allerdings auch Hunde, die mit Aggression statt Zurückhaltung auf Lebewesen oder Objekte reagieren, die ihnen Angst machen.

Manchmal erleben wir hier eine Verwechslung mit fehlgeleitetem Beutefangverhalten (also Jagen), wenn die Hunde auf Kinder, Autos oder kleine Hunde zuspringen wollen. Gerade an der Leine können die beiden Verhaltensweisen sehr ähnlich aussehen, und doch ist die Intention dahinter so gegensätzlich wie nur möglich.

Hinter Jagdverhalten steckt der Wunsch, zu der Beute hinzukommen, und zwar so schnell wie möglich.

Bei der Aggression möchte der Hund sein Gegenüber vertreiben. Ebenfalls so schnell wie möglich.

Grundsätzlich können wir festhalten, dass ein Hund, der auf ein Auto, Kind oder einen kleineren Hund zuspringt, unbedingt andere Strategien lernen muss.

Das klappt am besten mit mehr Distanz und anfangs in ruhiger Umgebung. Wie genau, das sehen wir gleich.

Sozialkontakt? Pfff …

Natürlich gibt es auch Hunde, die keinen Bock auf Artgenossen haben oder sich ihre Freunde sehr genau aussuchen. Das kann entweder an früheren Erfahrungen liegen oder auch an der Persönlichkeit.

Leider ist bei den starken Hunden auch heute noch eine Hundekampf-Szene aktiv. Kommt dein Hund aus solchen Kreisen, hat er bereits früh eine massive negative Verknüpfung mit anderen Hunden gelernt und musste sie attackieren, um zu überleben. Nicht immer ist es möglich, Hunde mit so einer Vergangenheit wieder in die Verträglichkeit zu bringen.

Doch glücklicherweise ist das nicht der Regelfall.

Merkst du, dass dein Hund keine Lust hat, mit Artgenossen zu interagieren, ist das nicht unbedingt ein Anzeichen für ein Problem.

Tritt diese Unlust spontan auf, ist allerdings der Tierarzt gefragt.

Oft merken wir die Abneigung gegen andere Hunde aber eher schleichend oder gleichbleibend. Manche Hunde rasten an der Leine aus, wenn sie einen anderen Hund entdecken (mehr dazu im nächsten Kapitel), denn sie wollen ihm deutlich sagen, dass er sich fernhalten soll.

Andere interessieren sich nicht für Artgenossen und würden ganz diplomatisch ihrer Wege gehen, solange ihnen niemand auf die Pelle rückt. Kommt allerdings einer zu nahe, wird dieser deutlich des Platzes verwiesen.

Was kannst du also tun, wenn dein Hund offenbar keine anderen Hunde mag, und was heißt das für euer Zusammenleben?

Solange dein Hund keinen Konflikt sucht und recht entspannt mit dir unterwegs ist, musst du vielleicht gar nicht so viel tun. Hilfe braucht dein Hund vor allem dann, wenn ihr in einem Gebiet mit Freiläufern seid und es kommt ein anderer Hund angelaufen.

Hier kann das Namensspiel von den Wächtern und Beschützern (s. S. 92) super helfen. Aber auch ein entgegengeworfener Haufen Leckerli oder ein Ball lenken den anderen Hund oft schon gut ab.

Am einfachsten ist natürlich, nicht unbedingt dort zu spazieren, wo es vor freilaufenden Hunden wimmelt.

Oft erlebe ich auch, dass die Menschen von Einzelgängern ein bisschen traurig sind, denn sie würden ihren Liebling doch gerne Freundschaften schließen sehen und sich auch mit anderen Hundemenschen treffen.

Hier zeigt der junge Boxer leichte Unsicherheit durch Weglehnen und Züngeln, der liegende Aussie subtiles „Komm nicht näher“ durch fixierenden Blick, vorgezogene und gespannte Lefzenwinkel und nach vorn gestellte Ohren.

Falls es dir auch so geht, habe ich eine gute Nachricht: Das ist meist trotzdem möglich. Viele Einzelgänger lassen sich durchaus davon überzeugen, entspannte Spaziergänge, Ausflüge und auch Besuche bei und mit entspannten Artgenossen zu erleben. Manchmal entstehen dadurch sogar hündische Freundschaften.

Hast du also einen Hund, der von der Persönlichkeit her gut zu deinem Hund passt und du möchtest die beiden bekannt machen, kannst du mit einem Treffen in einem neuen und interessanten Gebiet starten.

Ich suche solche Gebiete gern nach den Hobbys der Hunde aus. Meine kleine Calumi findet zum Beispiel Wild total spannend, und wenn sie einen neuen Hund treffen soll, gehen wir zuerst dorthin, wo es viele tolle Wildgerüche gibt, sodass ihre Aufmerksamkeit geteilt ist (sie hält nicht besonders viel von Artgenossen).

Auch ein ausreichender Abstand kann anfangs helfen, die Spannung aus dem Treffen herauszunehmen.

Woran erkennst du ausreichend Abstand?

Die Körpersprache deines Hundes ist weich, er kann zu dem anderen Hund schauen und sich dann wieder seinen Hobbys widmen und wirkt generell gelassen, wie sonst auch, wenn kein anderer Hund dabei ist.

Ob und wie schnell sich die Hunde annähern wollen, überlasse ich ihnen dabei gerne selbst. Je souveräner ein Hund ist, desto weniger müssen wir Menschen helfen.

Merkst du allerdings, dass sich dein Hund steif, frontal, gerade, drohend oder starrend nähern würde, kannst du ihn sanft bremsen und ihn in eine Distanzvergrößerung einladen, ihm also eine Spur oder Kekse zeigen, die du gerade „gefunden" hast.

Manchmal reicht auch, wenn du deinen Körper etwas vom anderen Hund wegdrehst und deinem Hund dadurch eine Einladung gibst, abzubiegen.

Oft hilft auch das Bauchgefühl dabei, zu entscheiden, ob eine Annäherung entspannt abläuft.

Bist du dir nicht sicher, kannst du dich aber immer auf die Körpersprache des Hundes verlassen.

Eine höfliche Annäherung verläuft im Bogen, mit weichen Bewegungen und weichem Blick, es gibt oft Beschwichtigungssignale und dann ein gegenseitiges Beschnüffeln.

Manche Hunde haben allerdings nie gelernt, sich höflich zu nähern. Genau dann hilft uns das Unterbrechen mit Aufmerksamkeitsteilung (zum Beispiel die gefundenen Kekse oder auch einfache Signale).

Wie lange eine Annäherung auf diese Weise dauert, ist sehr individuell. Je weniger Erwartungen wir Menschen in das Treffen einbringen, desto entspannter verläuft es für gewöhnlich, und wenn wir langfristig eine Freundschaft als Ziel haben, ist das Wohlbefinden aller Beteiligten auch ein bisschen mehr Geduld wert.

Endgegner Leine – Zugpferdchen und Leinenpöbler

Doch was ist, wenn der Hund komplett ausflippt, sobald er Artgenossen sieht, oder überhaupt zieht wie ein Ochse? Gute Laune und Geduld brauchen wir auch bei diesen Hunden.

Zieht ein Chihuahua an der Leine, fällt das den Menschen oft gar nicht auf. Ganz anders sieht das mit einer 80-Kilo-Dogge aus.

Natürlich ist es auch für kleine Hunde angenehmer, an lockerer Leine zu laufen, aber ich glaube, du weißt, was ich meine.

Vielleicht fragst du dich aber, warum sich Zugpferdchen und Leinenpöbler ein Kapitel teilen. Nun, einerseits, weil beides mit der Leine zu tun hat, aber auch, weil beides einen riesigen gemeinsamen Nenner als Ursache hat … Stress.

Wir haben den Stress schon angeschnitten und hier begegnet er uns wieder. Nicht umsonst machen wir in der Verhaltensberatung so oft anfangs eine Stressreduktion. Fast alle Probleme, die mit unseren Hunden auftauchen, haben irgendwie mit Stress zu tun.

Und wir kennen das doch von uns selbst. Sind wir gestresst, hetzen wir von A nach B und reagieren schnell gereizt, wenn uns jemand „blöd kommt" (was genau wir darunter verstehen, hängt auch oft vom Stresspegel ab).

Unseren Hunden geht es ähnlich.

Sind sie gereizt, zum Beispiel weil sie zu wenig schlafen, explodieren sie schneller, wenn der Schäfer des Nachbarn auf dem Spaziergang mal wieder so doof schaut. Außerdem können sie sich schlechter unserem langsamen Tempo anpassen und kommen schneller ins Ziehen. Wer kann schon völlig gestresst herumschlendern und sich jeden Grashalm intensiv ansehen?

Möchtest du also mit deinem Hund entspanntere Spaziergänge erleben, kannst du mit einer Stressanalyse beginnen. Vor allem, wenn du im Training keine oder nur schleppende Erfolge bemerkst, ist ein Blick auf den Stress unerlässlich. Hierbei schaust du dir den Alltag deines Hundes genau an und versuchst, so objektiv wie möglich einzuschätzen, wo noch eine Stressreduktion möglich ist.

Folgende Liste zeigt die meiner Erfahrung nach häufigsten Quellen für Stress, wobei jede davon je nach Persönlichkeit des Hundes unterschiedlich intensiv wahrgenommen wird.

- Alleinbleiben (wenn es der Hund noch nicht richtig kann)
- Zu lange / aufregende Spaziergänge
- Korrekturen im Training und täglichen Umgang
- Zu wenig / zu viel Kontakt mit Artgenossen
- Zu wenig / zu viel Beschäftigung
- Zu wenig Zeit mit der Bezugsperson
- Zu wenig Gelegenheit, Hobbys / Bedürfnisse auszuleben
- Langeweile durch zu wenig Neues
- Überforderung durch zu viel Neues (aka fehlende Routine)
- Zu wildes / grobes Spiel
- Ängste im täglichen Leben (zum Beispiel vor einer Person im Haushalt, Geräuschen, Gegenständen und so weiter) oder Unruhe im Alltag
- Alleinezeit im Garten (vor allem, wenn der Hund sich dann über jeden Schmetterling fürchterlich aufregen muss)
- Spannung im Mehrhundehaushalt
- Streit unter den Menschen
- Gesundheitliche Probleme (da reicht schon ein Juckreiz)

Natürlich gibt es noch andere Stressoren und auch die einzelnen Punkte dieser Liste lassen sich aufdröseln und detaillierter betrachten. Das wird dann allerdings sehr individuell. Mit ein bisschen Übung verrät dir dein Hund sicher, was es bei ihm ist.

Hast du den Grund hinter dem zu hohen Stresspegel gefunden, kannst du kreativ werden und überlegen, wie du den Alltag deines Hundes anpassen kannst.

Oft kommen wir Menschen dabei auf Ideen, die uns im Endeffekt mindestens genauso viel Erleichterung bringen wie dem Hund.

Ist der Hund dann erst einmal entspannter, können wir uns dem Training widmen, denn jetzt ist er auch konzentrierter und lernt besser.

Ben kann schon an lockerer Leine laufen, sonst bräuchte er für das Training ein Geschirr.

Falls du dich nach der Stressreduktion wunderst, dass vom Ziehen und / oder Pöbeln nicht mehr viel übrig geblieben ist, geht es dir wie vielen anderen Hundeeltern, denn diesen Effekt sehen wir häufig.

Manchmal allerdings liegt das Verhalten des Hundes nicht (nur) am Stress und wir brauchen ein gezieltes, nachhaltiges und freundliches Training.

Arm dran, weil Arm ab

Bei der lockeren Leine unterteile ich das Training gerne in zwei Aufgaben für den Hund.

Die erste besteht darin, in einem bestimmten Radius um mich herum zu bleiben. Der Radius wird dabei durch die Leinenlänge bestimmt (mindestens drei Meter). Solange sich der Hund also im grünen Bereich aufhält, kommt die Leine gar nicht erst auf Spannung.

Du siehst, es geht hier nicht um ein Fußlaufen, wo der Hund eng am Menschenbein klebt. Das kann mal praktisch sein, um schnell aus einer brenzligen Situation zu kommen, braucht aber super viel Konzentration und daher belohne ich es sehr hochwertig und frage es nur für sehr kurze Strecken ab.

Die lockere Leine dagegen ist etwas, das wir täglich auch für längere Strecken brauchen.

Welche Leinenlänge wir dabei verwenden, hängt von der Strecke (in der Stadt kürzer, bei mehr Platz und weniger Gefahren länger), den Aktivitäten (Bedürfnisbefriedigung braucht oft mehr Bewegungsspielraum) und der Sicherheit (wie lange darf die Leine sein, damit du deinen Hund bei einem Fluchtversuch oder Ausraster noch halten kannst) ab.

Die Radius-Variante ist für die meisten Hunde recht einfach zu verstehen, und da wir anfangs ohne Ablenkung und eventuell indoor üben, sind wir schnell auf einem guten Weg. Zudem beginnen wir ohne Bewegung, also stehend, und belohnen den Hund innerhalb des Radius – anfangs an der Hosennaht, damit er diesen Ort häufiger aufsucht … etwa so, wie sich dein Hund häufig von sich aus vor dich setzt, weil er dort oft dafür belohnt wurde.

Calumi bekommt ihren Keks an meiner Hosennaht.

Erst wenn er aufmerksam und zuverlässig innerhalb des Kreises bleibt, gehen wir den ersten Schritt. Dieser kann gerne in verschiedenste Richtungen passieren, denn dann bleiben wir für unsere Hunde unberechenbarer, das Spiel ist interessanter und die Aufmerksamkeit bleibt leichter bei uns.

Klappt auch das gut, fügen wir mehr Schritte, Wendungen und Tempowechsel hinzu (jeweils nur eins davon pro Übungseinheit).

Je weniger Muster unsere Hunde beim Üben erkennen, desto besser ist die Konzentration. Wollen wir also an der Distanz nach vorne arbeiten, gehen wir nicht

2–3–4–5–und so weiter Schritte, sondern zum Beispiel 2–4–1–1–3–2–und so weiter. Damit haben wir auch gleich deutlich mehr einfache Wiederholungen eingebaut, wodurch die Belohnungsrate und dadurch die Motivation hoch bleibt.

Rennt der Hund sofort los, wenn wir den ersten Schritt machen, starten wir die Bewegung jedenfalls rückwärts oder seitwärts und drehen uns erst dann um. Die meisten Hunde beruhigen sich superschnell bei hoher Belohnungsfrequenz und wenn sie merken, dass es bei diesem Spiel nicht ums Metermachen geht, sondern um einen gewissen Radius um uns.

Läuft dein Hund am Anfang mit Blick zu dir auf immer der gleichen Seite, kannst du die Seiten abwechseln und zunehmend den Blick geradeaus markieren und belohnen. Interessiert sich dein Hund nicht für die Umgebung, ist es Zeit für einen Ortswechsel oder Ablenkung.

Calumi zeigt das Radiustraining mit und ohne Leine.

Die zweite Aufgabe besteht darin, dass der Hund sich selbst verbessert, wenn sich die Leine doch mal spannt. Besonders anfangs und bei steigender Ablenkung (also in aufregenderen Gebieten) brauchen viele Hunde diesen zweiten Teil, denn sie sind noch nicht so geübt oder einfach aufgeregt.

Außerdem eignet sich dieses Training wunderbar auch für lange Schleppleinen.

Keine Sorge, wir brauchen auch für diesen Trainingsteil keine „Korrekturen". Dein Hund lernt einfach, die Leine wieder locker zu lassen, sobald sie sich spannt. Ganz von allein.

Wir beginnen das Training in reizarmer Umgebung, denn wir wollen, dass unsere Hunde noch ansprechbar und motiviert sind.

Zuerst lernt dein Hund, was von ihm erwartet wird, sobald er das Gefühl der Leinenspannung bemerkt. Dazu streuen wir ein paar Kekse, die unsere Hunde aufsammeln dürfen. Bevor sie wieder mit der Aufmerksamkeit bei uns sind, bauen wir langsam Zug auf der Leine auf. Sobald Spannung besteht, machen wir ein einladendes Geräusch (zum Beispiel ein Zungenschnalzen), der Hund kommt etwas näher, sodass die Leine locker wird, und bekommt dafür eine Belohnung. Nach einigen Wiederholungen wird der Hund verstehen, dass schon der Zug ein Signal zum Näherkommen ist.

Calumi versteht sehr schnell, dass der Zug ein Signal für Näherkommen ist.

Ist der Hund zu aufgeregt, können wir auch mit Keks vor der Nase beginnen. Auch hier locken wir den Hund mit Keks vor der Nase zu uns (er dreht sich dabei in unsere Richtung).

Klappt das gut, können wir den Keks vor der Nase weglassen und mit leerer Hand locken. Erst wenn das richtig gut sitzt, lassen wir die Lockhand weg und haben die Spannung allein als Signal aufgebaut.

Sobald die Spannung allein deinen Hund zum Näherkommen bewegt, kannst du die Leine länger lassen.

Klappt auch das gut, kannst du an ersten Ablenkungen üben.

Für die Schleppleinen eignet sich außerdem ein „Ende"-Signal, das den Hund vor dem Erreichen des Leinenendes warnt. So verhindern wir, dass er in vollem Tempo ins Ende knallt, was für uns doch sehr schmerzhaft sein kann.

Den Aufbau haben wir schon bei den Jägern kennengelernt und können darauf zurückgreifen. Kann sich dein Hund gar nicht umwenden, ist er nicht etwa stur oder bockig, sondern die Umgebung bietet zu viel Ablenkung oder der Stresspegel allgemein ist noch zu hoch. Das lässt sich wieder wunderbar anpassen.

Sind diese Aufgaben gut trainiert und dein Hund beherrscht sie quasi im Schlaf, kannst du sie an verschiedenen Orten üben und auch mehr Ablenkung einbauen.

Außerdem hast du jetzt die Grundlage für das Training an Begegnungen geschaffen.

Hundebegegnungen – Exorzismus gefällig?

Rastet dein Hund bei Hundebegegnungen aus, kann das vor allem zwei Gründe haben. Zwar gibt es auch Hunde, die (bestimmte) Artgenossen aus einer generellen Abneigung (beispielsweise weil sie den Geruch kranker Senioren nicht einschätzen können) oder auch Sympathie nicht mögen, meist liegt allerdings dennoch zumindest teilweise Grund Nummer eins ebenfalls zugrunde.

1. Dein Hund fürchtet sich.

Vielleicht hat dein Hund schlechte Erfahrungen mit Artgenossen gemacht und wurde zum Beispiel einmal umgerannt und hatte dadurch schmerzhafte Blutergüsse. Oder ihm fehlen einfach die Erfahrungen mit Artgenossen an der Leine.

Letzteres sehen wir besonders oft bei Hunden, die ihr Leben bisher in Freiheit oder als Wächter auf einem Grundstück verbracht haben. Für sie ist das ganze Konzept des Spaziergangs neu und sie wissen nicht, wie sie sich mit eingeschränkter Bewegungsfreiheit verhalten sollen.

Oft kommt hinzu, dass der entgegenkommende Hund eventuell gelernt hat, stur geradeaus zu gehen und keine höfliche hündische Kommunikation zu zeigen. Das macht die ganze Sache zusätzlich bedrohlich.

Angst ist die deutlich häufigere Ursache für Leinenaggression und wir sollten sie immer im Hinterkopf haben, denn in den meisten Fällen spielt zumindest Unsicherheit eine zusätzliche Rolle.

2. Dein Hund empfindet Frust.

Das sehen wir vor allem dann, wenn Hunde als Welpen zu jedem anderen Hund laufen durften und auch die Welpenstunde in der Hundeschule immer mit wildem Spiel begonnen wurde.

Solche Begegnungen sind anfangs oft einfacher im Sitzen zu üben, denn in der Bewegung lässt es sich nicht so leicht beobachten.

Artgenossen sind also mit maximaler Aufregung verknüpft, der Hund hat gelernt, den Menschen zu ignorieren, wenn ein anderer Hund auftaucht, und andere Hunde bedeuten automatisch Spiel.

Dürfen diese Hunde das dann plötzlich nicht mehr, wenn sie älter werden, entsteht massiver Frust durch die Einschränkung der Leine. Hinzu kommt, dass diese neue Regel meist in der Pubertät eingeführt wird. Einer Phase, in der der Stresspegel ohnehin höher ist. Das ist eine sehr volatile Kombination.

Natürlich gibt es auch Kombinationen von beidem (Frust allein ist seltener, als wir glauben möchten) und möglicherwei-

Ausnahmen

Es gibt Hunde, die auf gleichgeschlechtliche Artgenossen aufgrund von Ressourcenthematiken reagieren. Ihnen ist ein Sexualpartner besonders wichtig, und deshalb reagieren sie auf gleichgeschlechtliche Artgenossen mit Aggressionsverhalten.
In solchen Fällen rate ich gerne zu einer Beratung bei einer Verhaltensmedizinerin. Vor allem dann, wenn die Lebensqualität eingeschränkt ist und/oder das Verhalten durch Training nicht besser wird.
Der Glaube, dass die Genetik allein für Leinenaggression verantwortlich sein muss, ist allerdings nicht zutreffend. Wäre das der Fall, müssten Betreiber von Hundekämpfen nicht so viel Aufwand in die „Ausbildung" ihrer Gamedogs (ja, tatsächlich werden die so genannt) stecken.

Dennoch kann bei Hunden, die aus einer Kampflinie stammen, schneller eine Unverträglichkeit mit Artgenossen entstehen.

Einer der häufigsten unerkannten Gründe für Aggressionsverhalten (Leinenpöbeln gehört dazu) ist irgendeine Form von gesundheitlicher Einschränkung. Meist ist das Schmerz. Deshalb sollte man einen Hund, der auffällig wird, gesundheitlich abklären lassen. Vor allem dann, wenn die Verhaltensveränderung plötzlich auftritt.

se sehen wir die eigentliche Ursache gar nicht mehr, weil sich die Emotion schon in Wut umgewandelt hat (das Ausrasten).

Diese Wut und die damit verbundenen Ausraster können mit der Zeit immer mehr ritualisiert werden. Dein Hund gewöhnt sich also an den Ablauf und er wird immer selbstverständlicher. Deshalb ist dein Hund trotzdem nicht dominant oder böse. Er hat einfach gelernt, dass seine Strategie klappt.

Eine zusätzliche Komponente kann die Territorialität (also Ressourcenverteidigung um das eigene Zuhause) spielen. Rastet dein Hund nur auf der Runde um den Häuserblock aus, kann es damit zusammenhängen.

Es ist allerdings auch möglich, dass er sich nur im Umkreis um euer Haus sicher genug fühlt, um seine Emotionen so offensichtlich zu zeigen. Die Begegnungen selbst findet er vielleicht überall anders auch doof, er kann nur kein Verhalten zeigen, das so sehr auf ihn aufmerksam machen würde.

Egal, welche Emotion dahintersteckt: Der Hund braucht Strategien, mit denen er sich bei Hundebegegnungen wohl und sicher fühlen kann.

Je mehr Erfahrung er damit hat, mit dir gemeinsam zu üben, desto einfacher werdet ihr diese Strategien trainieren können. Vielleicht fragst du dich jetzt, wie so eine Strategie aussieht. Und damit sind wir wieder bei der Individualität angekommen.

Dennoch gibt es ein paar Basics, die in jedes Begegnungstraining gehören, weshalb ich sie an dieser Stelle hier mit reinpacke.

Positive Emotionen

Egal, ob dein Hund Frust oder Angst beim Anblick eines Artgenossen empfindet, diese Emotionen sind erst mal negativ. Das können wir ändern.

Markerst du den Moment, in dem dein Hund einen anderen Hund wahrnimmt, und bietest dann eine passende Belohnung an, wird dein Hund beginnen, positive Emotionen mit dem Auftauchen anderer Hunde zu verknüpfen (Click für Blick).

Die passende Belohnung ist dabei wieder individuell, richtet sich nach der Motivation deines Hundes und kann mit dem nächsten Punkt verknüpft werden.

Wichtig hierbei ist, deinen Hund noch zu erwischen, wenn er schaut, aber nicht starrt. Der Unterschied ist an einer steiferen Körperhaltung am besten zu erkennen. Hunde mit eingeschränkter Sicht starren schneller, obwohl sie noch im grünen Bereich sind.

Nach ein paar Wiederholungen kannst du dann mit dem Marker warten, bis sich dein Hund erst zum anderen Hund und dann abwendet. Das ist eine weitere Maßnahme gegen das Starren und öffnet die Tür für die Strategie (also das Verhalten, das ihr für diese Situationen aufgebaut habt).

Du kannst deinen Hund auch mit „Wo ist der Hund?“ aufmerksam auf den Artgenossen machen. Ist das gut eingeübt, kannst du deinem Hund Bescheid geben, sodass er nicht überrascht wird, und gleichzeitig bedeutet das Signal „Du kannst hinschauen, aber nicht hingehen, wir machen was gemeinsam“.

Natürlich klappt das nicht nur mit Hunden, sondern auch mit anderen Tieren, Fahrrädern, Menschen und allem, worauf dein Hund reagiert.

Distanz

Distanz ist ein super Hilfsmittel im Training gegen Leinenaggression. Ein ängstlicher Hund kann mit mehr Distanz ein Gefühl der Sicherheit empfinden, während ein frustrierter Hund den anderen mit genug Distanz noch aushalten kann.

Es gibt allerdings auch Hunde, die mit weniger Distanz starten, weil jede Distanzvergrößerung den Frust verschlimmert. Individualität ist was Tolles, oder? Hier können wir also ausprobieren.

Meine erste Wahl ist immer erst die Distanzvergrößerung, denn sie hilft deutlich mehr Hunden.

Welcher Abstand für deinen Hund passt, erkennst du am einfachsten daran, dass er noch gut mit dir mitmachen kann, auf deine Ansprache reagiert und sich auch anderen Dingen widmen kann.

Dein Hund wird dir außerdem mit kleinen Signalen sagen, wenn er den anderen Hund (oder auch Personen oder Objekte) bemerkt hat und lieber auf Abstand bleiben möchte. Hierzu zählen Schnüffeln, Barrieren verwenden (zum Beispiel Gebüsche, große Steine, parkende Autos, dich, …), Tempo rausnehmen, Wendungen laufen, sich umsehen, dich häufiger ansehen (vor allem, wenn das oft belohnt wurde). Beobachte deinen Hund also, ob dir so etwas auffällt. Dann kannst du entweder etwas länger an einem Ort bleiben und ihn das Gegenüber beobachten lassen oder du bietest ihm einen alternativen Weg an, der nicht frontal auf den anderen zugeht.

Grundsätzlich ist Beobachten für mich immer in Ordnung. Gerade unsichere Hunde und manche Charaktere brauchen einfach ein bisschen mehr Zeit, um das Gegenüber einzuschätzen. Das Zulassen nimmt viel Stress aus der Begegnung.

Manche „Monster“ kann Hund sich nach ausreichend Beobachtungszeit dann sogar ganz gechillt ansehen.

Verhalten

Ausrasten ist ein Verhalten (genau genommen oft mehrere Verhaltensweisen wie Bellen, Knurren, Springen und so weiter), das dem Hund bisher den gewünschten Effekt gebracht hat. Entweder ist der andere Hund weggegangen oder wir haben die Biege gemacht. Wir brauchen also ein anderes Verhalten, das denselben Effekt hat oder sich zumindest ebenfalls gut anfühlt.

So kann ein Hund zum Beispiel einen anderen Hund erkennen, deine Hand anstupsen und das ist das Signal für dich, die Situation mit deinem Hund zu verlassen.

Eine andere Möglichkeit wäre, am Boden zu schnüffeln, denn das ist zusätzlich höflich dem anderen gegenüber. Hierzu gibst du die Belohnung einfach am Boden beziehungsweise streust Kekse, die dein Hund einsammeln kann. Wichtig dabei ist, die Körpersprache deines Hundes zu beobachten, damit ihr die Distanz passend wählen könnt.

Welches Verhalten am besten passt, hängt vom Hund und der Situation ab.

Wichtig ist, dass es vorher schon bombensicher trainiert ist. Ihr müsst es also in jeder anderen Situation, ohne zu zögern und ohne nachzudenken, sofort automatisch machen können … BEIDE! Denn auch für uns Menschen sind Begegnungen stressig, wenn wir bereits Erfahrungen mit randalierendem Hund gemacht haben. Wir können uns also nicht darauf verlassen, dass wir in so einer Situation besonnen überlegen, was wohl jetzt am klügsten wäre.

Wir müssen Automatismen gelernt haben. Du kannst das mit Autofahren vergleichen. In dem Moment, wo ein Kind direkt vor dir auf die Straße steigt, überlegst du nicht mehr, welcher Fuß jetzt eigentlich welches Pedal drücken muss. Du springst auf Kupplung und Bremse und krallst dich ans Lenkrad.

Kann dein Hund die ausgewählte Übung mit entspannter Distanz wirklich gut zeigen, kannst du die Distanz schrittchenweise verringern.

Die beiden konnten in einer Trainingseinheit ihre Distanz deutlich verringern … ganz entspannt und mit positiven Erfahrungen für die nächste Begegnung.

Die Kunst besteht hierbei darin, die Grenze zu erwischen beziehungsweise darunter zu bleiben. Die besten Erfolge haben wir nämlich dann, wenn wir diese Grenze immer weiter hinausschubsen. Da kommen wir allerdings schon in die Königsklasse des Trainings, und es braucht einiges an Übung, um die Körpersprache des Hundes gut genug einzuschätzen und dann das Timing zu perfektionieren.

Am einfachsten zu erkennen ist die Grenze an einer deutlichen Veränderung in der Körpersprache. Auch das sieht bei jedem Hund anders aus, es gibt aber klassische Anzeichen, die du bei deinem Hund suchen kannst.

- Der Mund schließt sich (wenn dein Hund vorher gehechelt hat)
- Der Blick wird härter / starrer oder beginnt hektisch zu wandern
- Der Körperschwerpunkt verlagert sich hin oder weg vom anderen
- Die Rute hebt oder senkt sich
- Die Ohren gehen nach vorne oder zurück
- Die Muskulatur spannt sich an
- Die Beine werden durchgedrückt oder stärker gewinkelt
- Der Rücken krümmt sich
- Die Haare am Rücken stellen sich auf
- Die Atmung wird schnaufender

Buddy hat hier etwas entdeckt und er wird aufmerksam. So klein können die Veränderungen sein, die uns als Vorboten einer Eskalation dienen.

Vielleicht fallen dir hier ein ganzer Haufen Gegensätze auf. Damit hast du recht!

Je nachdem, ob sich dein Hund sicher oder unsicher in seinem Verhalten fühlt (nicht in Bezug auf den anderen Hund, sondern darauf, dass das Verhalten zum Erfolg führt), wird er die eine oder andere Variante zeigen.

Je mehr Falten und Fell dein Hund hat, desto schwieriger werden die Unterschiede zu erkennen sein. Besonders einfach sind meist Hunde mit Maske (unterschiedliche Fellfarbe im Gesicht), Stehohren, kurzem Fell, gerader oder leicht gebogener Rute und normal langen Beinen.

Doch selbst, wenn dein Hund nicht zu den „einfachen" gehört, wirst du den Moment mit einiger Übung (und Videos) erkennen können.

Dieser Moment ist der Point of no Return. Also der letzte Augenblick, wo du deinen Hund noch in eine andere Strategie umlenken kannst.

Erhöhst du jetzt wieder die Distanz, bekommt dein Hund nicht nur das Gefühl der Freude über die Belohnung, sondern auch ein Gefühl der Erleichterung, weil sich die Situation aufgelöst hat, bevor die Spannung zu viel wurde.

Kippt dein Hund gerade über diesen Point of no Return, kann euch ein Marker und sofortige Distanzvergrößerung noch retten.

Du siehst schon, wir haben hier mit großen Emotionen zu tun, brauchen wirklich gutes Timing und müssen unsere Hunde schon ganz gut kennen.

Möchte dein Hund irgendwo im Trainingsprozess nicht mitmachen, ist er nicht etwa stur, sondern für ihn passt etwas nicht. Das kann die Belohnung sein (vielleicht ist der Trockenkeks aus der Hand zu langweilig), die Distanz, das körperliche Wohlbefinden (ist es zu heiß / kalt?) oder die Übung ist zu schwer. Hinzu kommt, dass die meisten Hunde auch auf verschiedene Artgenossen unterschiedlich reagieren.

Dann sind wir wieder mit unserer Kreativität und Beobachtungsgabe gefragt, denn wir können das Training umgestalten, sodass der Hund gerne mitmacht.

Mögliche Verhaltensweisen außer dem Schnüffeln sind auch das Bogenlaufen (du gehst mit deinem Hund einen Bogen, um nicht frontal auf den anderen zuzugehen, was sehr unhöflich unter Hunden ist) oder ein Rückzug.

Der Rückzug, den wir schon bei den Jägern hatten, eignet sich ebenfalls gut, um einfach einen anderen Weg einzuschlagen.

Notfallstrategien

Notfallstrategien sind auch Verhalten. Allerdings üben wir jetzt für die Momente, wo wir wissen, dass sie unser Hund eigentlich noch nicht schafft, und wir wollen sie nur halbwegs gut überstehen.

Es geht also um überraschende Situationen, die eigentlich – mit guter Planung – nicht vorkommen sollten. Trotzdem hilft es, ein zusätzliches Ass im Ärmel zu haben.

Mit dem Wissen, dass wir in solchen Momenten eine Überforderung (weil zu wenig Distanz) wegstecken müssen, brauchen wir ausreichend Sicherung und wirklich hochwertige Belohnung. Dein Hund muss sich also fühlen, als ob Weihnach-

So oder noch freudiger kann der Blick werden.

ten und der Geburtstag zusammenfallen. Oder anders gesagt … sein Gesichtsausdruck muss sagen: „WTF, wo ist dieser geile Scheiß denn hergekommen?"

Um unsere starken Hunde wirklich gut durch solche Momente zu bekommen, verwende ich gerne eine Kombination aus einem Geschirrgriff (der Hund wird mit Zug am Geschirr gehalten) und Vorbeilassen, während er diese ultimative Belohnung (wir erinnern uns an den Jackpot) inhaliert.

Natürlich müssen wir auch die vorab wieder so gut trainieren, dass sie zu Automatismen werden, denn jetzt geht uns erst recht die Düse. Dank der hochwertigen Belohnung können wir allerdings noch ein bisschen abfangen, wenn wir Menschen nicht kopflos werden (die Situation mit all ihren Emotionen im Kopf durchzuspielen hilft, denn das Gehirn kann nicht zwischen echten Erfahrungen und wirklich lebhaften Vorstellungen unterscheiden).

Ein anderes Signal, das gut im Notfall funktioniert und nicht so viel Aufbau braucht, ist das Entspannungssignal.

Es funktioniert ohne Nachdenken und löst automatisch eine kurze Senkung des Erregungspegels aus. Wir können uns das so vorstellen, als ob wir plötzlich Meeresrauschen oder Salzwasser (am besten beides) wahrnehmen. Unser Körper reagiert automatisch kurz mit ein bisschen Entspannung. Das klappt natürlich nur, wenn du Strandurlaube mit Entspannung verbindest (vielleicht ist es auch der Geruch von Bier, wenn das kühle Feierabend-Blonde bei dir besser wirkt).

Dasselbe können wir bei unseren Hunden auslösen.

Dazu brauchen wir nur regelmäßig, wenn wir gemeinsam entspannen, das Entspannungswort aufzubauen beziehungsweise aufzuladen.

Habt ihr beispielsweise ein Abendritual auf dem Sofa, wo du deinen Hund streichelst und der entspannt, nimmst du die Hände weg, sagst das Wort (zum Beispiel Easy, Banane, Sauna …) und streichelst dann weiter.

Das Wort kann alles sein, was du nur ruhig aussprechen kannst. Sag es laut, deutlich, langgezogen und ruhig. So, wie du es dann im Ernstfall auch sagen wirst.

Nach ein paar Wiederholungen ist die Verknüpfung hergestellt und das Signal ist bereit für den Ernstfall. Du brauchst es weder an verschiedenen Orten noch in verschiedenen Situationen üben. Nur regelmäßig mit Entspannung aufladen. Praktisch, oder?

Einen Haken gibt es allerdings. Einen wichtigen!

Das Entspannungssignal allein ist nutzlos.

Es braucht ein Verhalten danach, um die Situation aufzulösen, denn es ändert ja nichts daran, dass gerade etwas Unangenehmes für deinen Hund passiert.

Du kannst es also als Türöffner verwenden, damit dein Hund ein anderes Signal wieder hören kann oder selbst auf eine bessere Idee kommt.

Der Ablauf in der Notsituation ist also: Dein Hund regt sich auf (starrt zum Beispiel) => Entspannungssignal => Signal für den Rückzug => Situation verlassen (währenddessen markern und belohnen)

Ausgleich & Planung

Vielleicht fragst du dich jetzt, wie du es schaffen sollst, die Übungen so gut zu trainieren, dass sie im Schlaf klappen, bevor du sie bei der nächsten Begegnung brauchst, wo du doch auf eurer üblichen Gassi-Strecke ständig Hunde triffst.

Genau darin liegt der häufigste Fehler im Begegnungstraining.

Wir erwarten zu schnell zu viel, lassen unsere Hunde ins Verderben rennen, und die üben dauernd Ausrasten.

Wundern wir uns dann wirklich noch, warum sie im Ausrasten immer besser werden?

Wir brauchen also zwei Arten von Spaziergängen.

1. Spaziergang
Der Spaziergang findet ab sofort in einer Umgebung oder zu einer Zeit statt, wo euch sicher niemand begegnet.

Du kannst dazu eine Strecke wählen, wo du einen guten Überblick hast, Hunde also schnell siehst und gut ausweichen kannst, sodass die Distanz sicher immer passt und euch keiner überraschen kann (Achtung: Hauseingänge und Ecken).

Oder du gehst zu einer Zeit, wo du weißt, bei euch im Ort ist ohnehin tote Hose.

Das kann auch bedeuten, dass du deinen Hund ins Auto packst und zum Spazieren ein Stückchen fährst.

Jetzt könnt ihr die Seele baumeln lassen, Beschäftigung einbauen, eure neuen Strategien für die Begegnungen später üben und so weiter.

2. Training
Die Strecken für das Training musst du anfangs sehr gezielt auswählen, damit du die Distanz wirklich gut kontrollieren kannst und euch auch hier niemand reinpfuscht.

Sei dir also bewusst, was dein Hund schon schafft, und such dir Orte aus, wo ihr zwar eine Challenge, aber keine Überforderung habt.

Eingezäunte Hundezonen mit großem Parkplatz direkt davor klappen gut (ihr übt auf dem Parkplatz). Reagiert dein Hund auf Menschen, habt ihr besonders leichtes Spiel auf großen Parkplätzen von Möbelhäusern oder Baugeschäften. Hier parken die meisten vor der Tür und die Parkplätze sind riesig. Das bedeutet für euch: Im hinteren Bereich der Parkplätze habt ihr eure Ruhe, könnt Pause machen und die Autos dazwischen als Barrieren verwenden, wenn ihr die Schwierigkeit etwas runtersetzen wollt.

Parks mit Leinenpflicht eignen sich ebenfalls oft gut, denn die großen Wiesen bieten einen guten Überblick, es gibt Objekte für Barrieren und viele interessante Gerüche, die dein Hund zur Aufmerk-

Wenn ihr ein Begegnungsthema habt, dann plane deine Spaziergänge gut: Geh entweder zu Zeiten oder an Orten, in denen ihr sicher niemand begegnet, oder betrachte den Spaziergang als Trainingseinheit und stelle dich mit deiner Konzentration voll darauf ein.

samkeitsteilung nutzen kann, um Artgenossen oder Menschen nicht anstarren zu müssen.

Unterscheide diese beiden Modi unbedingt strikt voneinander.

Später, wenn ihr wirklich geübt seid, können sie immer mehr ineinanderfließen, doch zu Beginn braucht ihr eindeutige Trainingssettings. Das macht es für deinen Hund auch einfacher, sich zu konzentrieren.

Zudem wisst ihr dann beide, dass das Training zeitlich begrenzt ist. Wie lange eine Trainingssession dabei ist, hängt von der Konzentration ab (deiner und der deines Hundes).

Du kannst auch ein Start- und Ende-Ritual einbauen, damit das Ganze noch routinierter abläuft und dein Hund mehr Sicherheit bekommt.

Als Startritual eignen sich einfache Fokusübungen (Blickkontakt halten mit häufiger Belohnung), kleine Suchspiele oder die therapeutische Futtersuche (findest du bei der Beschäftigung weiter hinten), und als Ende-Ritual bietet sich Kauen und Schlecken an.

Beachte bei deiner Planung auch, wie viele Begegnungen dein Hund schafft. Explodiert er immer nach einer gewissen Anzahl (hier zählen alle herausfordernden Situationen zusammen, nicht nur Begegnungen), braucht er früher eine Pause, eine ruhigere Trainingsumgebung oder kürzere Einheiten.

Für viele Hunde sind hierbei eben nicht nur andere Hunde relevant.

Alles, was deinem Hund nicht egal ist, zählt.

Für meine Calumi waren das anfangs alle (!) Wildtiere (mit Ausnahme mancher Insekten ...), Katzen, Großtiere, Menschen, Hunde, Mülltonnen, alle (!) Fahrzeuge (vom Rollschuh bis zum LKW) und manche Geräusche.

Eine Trainingssession hatte sehr schnell sehr viele Begegnungen aus ihrer Sicht und nach fünf Minuten war sie erledigt.

Das bot uns allerdings auch jede Menge Übungsgelegenheiten.

Equipment

Rasten starke Hunde aus, wird es für uns Menschen schnell schwierig, sie zu halten. Doch leider sind die meisten vermeintlich praktischen Tools, die es am Markt gibt, absoluter Müll. Besondere Obacht ist immer dann geboten, wenn damit geworben wird, dass ein Ausrüstungsgegenstand ein Verhalten angeblich ohne Training eliminiert.

Das ist meistens Quatsch, und wenn es funktioniert, ist es in neun von zehn Fällen mit massiven Schmerzen oder Schreckreaktionen für den Hund verbunden.

Immerhin hat das Verhalten ja für den Hund einen Sinn. In diesem Fall möchte er eine unangenehme Situation beenden.

Stell dir vor, du befindest dich in einer so unangenehmen Situation, dass du nur noch schreien kannst (ein besonders grimmiger Streit zum Beispiel). Wie heftig muss dann ein einzelnes Ereignis sein, dass du sofort und für immer aufhörst zu schreien?

Natürlich könnte das Ereignis auch besonders gut sein, aber wenn wir uns die

Tools für Hunde ansehen, wird schnell klar, wie sie wirken. An dieser Stelle sei auch kurz erwähnt, dass die meisten davon in einigen Ländern gesetzlich verboten sind (zumindest ihr Einsatz, denn er ist mit Schmerzen, Leiden oder schwerwiegenden Ängsten verbunden).

Was können wir also verwenden, um uns das Leben und unser Training einfacher zu machen?

Eine Möglichkeit ist die Doppelsicherung. Verwendest du zwei Leinen oder eine lange Leine mit Karabinern an beiden Enden, kannst du jeweils einen am Brustring und einen am Rücken des Y-Geschirrs einhängen.

Die Leine am Rücken ist immer kürzer gehalten als die Notfall-Leine an der Brust. Calumi bräuchte bei ihrer Größe keine Doppelsicherung, zeigt sie trotzdem gern vor.

Die Leine, die am Rücken befestigt ist, bleibt bei dieser Führtechnik immer kürzer als die am Brustring. Letztere dient nur zur Absicherung und wir verwenden sie nur, wenn wir den Hund umdrehen müssen.

Dennoch sind beide Leinen locker und doch kurz genug, dass sich der Hund darin nicht verheddert.

Wir brauchen also etwas Übung.

Eine andere Variante der Doppelsicherung ist, die zweite Leine nicht am Brustring zu befestigen, sondern am Halsband (es muss so breit sein, dass es über zwei Halswirbel geht) oder gar am Kopfhalfter. Beide Varianten bergen ein deutlich höheres Verletzungsrisiko. Vor allem das Kopfhalfter kann wirklich gravierende Schäden an der Halswirbelsäule verursachen und darf daher (sofern es in deinem Land nicht gesetzlich verboten ist, bitte erkundige dich genau) nur unter professioneller Anleitung verwendet werden.

Ist allerdings das Gewichtsverhältnis sehr ungünstig und liegt eine Gebrechlichkeit auf Seiten des Menschen vor, lass dich gern hierzu beraten und anleiten.

Auf jeden Fall in die Tonne gehören bei Schwierigkeiten an der Leine die Ausziehleinen. Sie machen dir das Leben schwer, denn dein Hund muss die Leine immer spannen, um Länge zu bekommen, und der Stopp-Knopf ist nicht zuverlässig, wenn dein Hund ausrastet.

Stattdessen kannst du einfach eine gummierte (besserer Halt) oder Biothane-Leine in ausreichender Länge verwenden.

Würde dein Hund jemand anderen verletzen, braucht er auf jeden Fall einen Maulkorb. Dieser muss, genau wie ein Kopfhalfter oder auch ein normales Geschirr, vorab trainiert werden, damit dein Hund davon nicht zusätzlich gestresst wird. Wie das geht, haben wir schon auf S. 60 gesehen.

Leinenhandling

Wie sicher wir unterwegs sind, hängt natürlich auch davon ab, wie wir mit der Leine umgehen.

Haben wir sie nur halbherzig in der Hand, rutscht sie uns deutlich schneller durch die Finger, als wenn wir bewusst beide Hände zum Führen verwenden.

Ich habe auch schon raffinierte, flaschenzugähnliche Systeme, ähnlich einer Sicherung beim Klettern, für besonders starke Hunde gesehen, die um die Hüfte der Bezugsperson befestigt waren.

Für mich ist immer auch wichtig, einen sicheren Stand zu üben (ebenfalls automatisiert). Hierzu kannst du auch mal bei den verschiedenen Selbstverteidigungsstilen oder Kampfsportarten reinschnuppern und dir Anregungen holen.

Meiner Erfahrung nach funktioniert besonders gut ein hüftbreiter Stand im Ausfallschritt (ein Bein hinten, eines vorne), wobei beide Knie locker und das Gewicht auf dem hinteren Bein ist.

Die haltende Hand (näher beim Hund) ist auf derselben Seite wie das vordere Bein, und die hintere Hand kann die Hüfte beziehungsweise den Oberschenkel als Anker verwenden (so, als würdest du die Leine halb um einen Baum ziehen).

Zwar kann dich dein Hund aus dieser Haltung immer noch nach vorne aushebeln, allerdings tut er sich damit schon deutlich schwerer und du kannst dann immer noch mit einem weiteren Ausfallschritt nach vorne und Nachgreifen ausbalancieren. Wohingegen du mit einem schmalen Stand mit beiden Beinen auf gleicher Höhe schnell auf der Nase landen könntest.

Probier's einfach aus. Ein guter Kumpel hilft dir sicher gerne beim Testen.

Doch auch abseits der Ausraster bekommen unsere Hunde über die Leine viele Informationen – ob wir das wollen oder nicht.

Greifen wir beispielsweise schon mal vorsorglich kürzer, weil wir einen Ausraster befürchten, kann das auch unsere Hunde in Alarmbereitschaft versetzen.

Halten wir die Leine gespannt, wenn ein freilaufender Hund zu unserem kommt, kann das zu Spannungen in der Begegnung führen.

Wir wollen also versuchen, die Leine so gut wie möglich locker zu lassen. Das wird nicht immer klappen, doch je besser wir das hinbekommen, desto mehr Entspannung können wir darüber vermitteln.

Hier führen beide einhändig, die Situation ist allerdings gestellt und trotzdem sicher.

Der sture Bock – versteckte Genialität

Ich kenne kaum einen Menschen mit starkem Hund, der dieses Label nicht schon mal auf seinen Vierbeiner geklebt hätte.

Die abwartende Haltung der starken Hunde und ihre bedachte Art unterscheiden sie deutlich von beispielsweise schnellen Hütehunden, denen besondere „Führigkeit" und Intelligenz nachgesagt wird. Infolgedessen müssen also langsamere, eigenständigere Hunde dumm oder bockig sein.

Doch das Gegenteil ist der Fall.

Starke Hunde machen total gerne mit, wenn sie einen Sinn hinter unseren Ideen sehen. Sie rennen also nicht blindlings ins Verderben, und das macht sie für mich zu sehr cleveren Hunden.

Allerdings ist das für uns erst einmal ein wenig gewöhnungsbedürftig, kitzelt uns aus unserer kreativen Komfortzone und eventuell stoßen wir an unsere Geduldsgrenze.

Mir persönlich hat es geholfen, die Hunde aus einer anderen Perspektive zu sehen. Anstatt mich in meiner Autorität untergraben zu fühlen, habe ich zu erkennen versucht, was den Hund gerade davon abhält, mitzumachen.

Bei Welpen ist das beispielsweise ganz oft eine Flut von Reizen, die sie nicht so schnell verarbeiten können, wie sie auftauchen. Schnellere Hunde beginnen dann eventuell zu bellen, Übersprungshandlungen wie Leinebeißen, Buddeln oder Rennen zu zeigen. Unsere starken Hunde setzen sich hin und sind nicht mehr zu bewegen.

Natürlich kann auch dieses Verhalten medizinische Gründe haben, oft ist es allerdings einfach das Bedürfnis, sich ein wenig Zeit zu lassen, um die Dinge einzuordnen, die rundherum passieren.

Das passiert auch mit den Hunden schnell, die in ihrem bisherigen Leben nicht viele oder ganz andere Dinge kennengelernt haben (zum Beispiel von einer einsamen Berghütte in die Stadt adoptiert).

Wissen wir das, können wir dem gegensteuern, indem wir schon vor dem Überqueren der Straße stehen bleiben und unseren Hund ein bisschen in der Gegend herumschauen oder schnüffeln lassen.

Haben wir die Aufmerksamkeit wieder, können wir fröhlich und zügig auf die andere Seite laufen.

Etwas Ähnliches passiert auch oft bei Begegnungen.

Während sich andere Hunde sehr schnell auf Alternativen einlassen, schauen starke Hunde oft lieber hin und beobachten, was der andere so macht.

Das kann auch als Starren missverstanden werden, sieht aber anders aus. Das Gesicht ist weicher, der Körper nicht nach vorne gelehnt und die Rute entspannter. Auch die Muskeln sind lockerer, wenn wir sie bei kurzfelligen Hunden sehen können.

Jetzt haben wir die Möglichkeit, uns darüber zu ärgern, dass unser Hund nicht endlich mitkommt. Oder wir akzeptieren das Bedürfnis des Hundes und verwenden das Beobachten als Belohnung.

Hierfür macht es Sinn, ein Wortsignal mit dem Verhalten zu verknüpfen.

Dazu können wir uns einen Ort suchen, wo unser Hund sehr wahrscheinlich etwas beobachten möchte (zum Beispiel eine Hundezone von außen), und sagen das neue Wort (zum Beispiel „gucken") unmittelbar, bevor der Hund zu beobachten beginnt.

Keine Sorge, wenn du etwas zu langsam bist, du kannst das Wort auch noch verknüpfen, wenn du es sagst, während dein Hund schon schaut.

Nach einigen Wiederholungen kannst du das „Gucken" dann auch vorschlagen, wenn dein Hund ein paar Schritte mit dir mitgekommen ist (auch das kannst du extra üben, damit dein Hund weiß, dass es sich lohnt).

Wir können unsere „sturen Böcke" also durchaus zum Mitmachen bringen, wenn wir uns auf sie einlassen. Und haben wir uns nicht in genau dieses Wesen verliebt?

Es gibt allerdings noch ein Szenario, wo unsere starken Hunde oft stur wirken, und da gilt es dann wieder, genau hinzuschauen. Nämlich, wenn eine Übung einfach zu schwer oder zu langweilig ist oder sich der Hund generell nicht wohlfühlt.

Manche Hunde mögen beispielsweise nicht im Regen spazieren gehen. Sie finden das Gefühl einfach unangenehm. Manchmal können wir mit Regenmänteln Abhilfe schaffen, manche möchten aber dennoch lieber drinnen bleiben. In letzterem Fall können wir den Tag einfach nutzen, um drinnen neue Beschäftigungen oder Übungen auszuprobieren.

Genauso verhält es sich mit Schnee und Kälte. Manche starke Hunde haben kurzes Fell ohne Unterwolle und brauchen einen Mantel im Winter (genau wie jeder andere, dem kalt wird, weil er zum Beispiel alt ist oder körperliche Beschwerden hat).

Dabei begegnet mir ab und zu das Argument, Muskeln würden doch wärmen, und das ist grundsätzlich richtig, doch wissen wir wirklich, wie hoch die Anstrengung beim normalen Spaziergang die Körpertemperatur treibt?

Zudem laufen Bodybuilder im Winter ja auch nicht nackt zum Einkaufen (ich betreibe selbst Kraftsport und ich kenne zumindest niemanden, der das macht).

Das Gemeine an der Entscheidung ist außerdem, dass viele starke Hunde nicht schnell zeigen, dass ihnen kalt ist. Also lieber auf Nummer sicher gehen, denn Hitze zeigen sie durchaus durch deutlicheres Hecheln.

Je größer und schwerer der Hund, desto mehr Aufwand steckt hinter jeder Bewegung, und unsere Hunde sind so clever, dass sie keine Energie verschwenden, die sie später eventuell noch für etwas Wichtigeres brauchen könnten.

Wollen wir also 25 Mal „Sitz", „Steh", „Sitz", muss sich das wirklich sehr lohnen, damit der Hund noch einen Sinn dahinter versteht (wir können ihm schließlich nicht erklären, dass wir gerade einen neuen Fitness-Trend entdeckt haben – natürlichere Bewegungsabfolgen machen einfach vielleicht auch mehr Sinn).

Doch auch, wenn der Hund keine Erfolgsaussichten erkennt, wird er nicht mitmachen.

Das passiert ab und zu, wenn wir Übungen wie etwa Suchspiele zu schwer machen. Unsere Hunde verstehen vielleicht gar nicht, was sie jetzt eigentlich machen sollen, und widmen sich dann lieber anderen Dingen.

Oder sie versuchen mitzumachen, kommen aber nicht schnell genug zum Erfolg und hören dann auf.

Es kann allerdings auch passieren, dass sie mitmachen, ein unangenehmes Gefühl erleben (beispielsweise abrutschen) und dann keine Lust mehr haben.

Genau dasselbe passiert auch, wenn wir Druck aufbauen. Druck erzeugt Gegendruck (hast du sicher schon mal gehört, stimmt's?), und davor sind wir auch mit unseren Hunden nicht gefeit. Hinzu kommt, dass starke Hunde tatsächlich etwas entgegensetzen können.

So passiert es, dass wir vielleicht unbedacht an der Leine ziehen und der Hund stemmt sich ungemütlich dagegen. Auch hier fällt oft das Wort „stur".

Dabei handelt der Hund hierbei sogar im Reflex, entscheidet sich also nicht bewusst für den „Ungehorsam". Dasselbe passiert übrigens auch bei kleineren Hunden, es fällt nur nicht so auf.

Was wir dagegen tun können, liegt auf der Hand.

Anstatt an der Leine zu ziehen, sagen und zeigen wir unseren Hunden einfach, was wir von ihnen wollen. Und wenn sie nicht verstehen, haben wir wieder eine wunderbare Gelegenheit zu üben. Dabei können wir dann auch gleich dem Reflex gegensteuern, indem wir den Vierbeinern beibringen, dass Leinenzug ein Signal zum Mitkommen ist und sich das auch richtig lohnt (das haben wir schon bei der Leinenführigkeit gesehen).

Für mich hat diese Veränderung in der Sichtweise so viel Entspannung in den Alltag gebracht! Anstatt mich über den Hund zu ärgern, versuche ich seither einfach, mit den Schultern zu zucken und es auf die Trainingsliste zu setzen (OK, manchmal ärgere ich mich dann doch über mich selbst, weil ich es nicht oder nicht ausreichend trainiert habe ... das kommt mit dem Verantwortungsbewusstsein, dass ich nur das vom Hund erwarten kann, was ich auch mit ihm übe).

All diese Optionen zeigen uns, dass wir es mit cleveren Tieren zu tun haben, die uns zu neuer Kreativität anregen.

Diese Gelegenheit können wir nutzen, unser Training anpassen und umso mehr Spaß haben.

Also ...

Wie könntest du das Training mit deinem Hund noch heute aufpeppen?

Gibt es Belohnungen, die den Bedürfnissen deines Hundes entsprechen und die du noch einbauen könntest?

Könntest du Futterbelohnungen variieren?

Gibt es Zwischenschritte, die du zum besseren Verständnis noch einbauen könntest?

An welchen Orten, zu welchen Zeiten und wie lange übst du?

In welchen Momenten bringt dich dein Hund zum Lachen und kannst du die irgendwie ins Training einbauen?

Gerade Letzteres gibt einer langweiligen Übungseinheit nochmal einen neuen Kick. Und da unsere Hunde Meister im Lesen unserer Körpersprache (und damit unserer Emotionen) sind, wirkt sich ein fröhlicher Mensch auch immer auf die Motivation und Offenheit des Hundes aus.

Der Anhängliche – eingebaute Magneten entschärfen

Das genaue Gegenteil des Eigenbrötlers scheint der Anhängliche zu sein. Der Anhängliche ist wie ein Schatten, folgt uns auf Schritt und Tritt und scheint nichts alleine machen zu wollen. Mit solchen Hunden wird auch der Toilettengang zur Gruppenbeschäftigung und es kann für uns Menschen zu einer riesigen Herausforderung werden.

Was wir dabei oft nicht bedenken, ist, dass es für unsere Hunde genauso belastend ist, denn wer ständig erwartungsvoll hinter seinen Menschen herrennt, bekommt definitiv zu wenig Ruhe und Schlaf. Vor allem dann, wenn die Abwesenheit des Menschen tagsüber nicht zum Schlafen genutzt wird, sondern von Trennungsstress geprägt ist.

Und manchmal widerspricht sich die Eigenständigkeit mit der Anhänglichkeit gar nicht. Vor allem in der Pubertät erleben wir oft Hunde, die von uns genervt scheinen, wenn wir etwas von ihnen wollen, und vollkommen in sich zusammenfallen, sobald wir das Haus verlassen.

Es ist kein Wunder, dass wir Menschen dabei oft an unsere Grenzen kommen und Lösungen brauchen, um den Frust durch Lichtblicke zu ersetzen.

Ein Licht am Ende des Tunnels bleibt nämlich: Die Pubertät mag anstrengend sein, aber sie geht vorbei. Dennoch macht es Sinn, auch in dieser Phase unser Training weiterzuverfolgen und an die Bedürfnisse unserer Hunde anzupassen.

Haben wir einen solchen hündischen Schatten, können wir mehr Übungen zur Selbstwirksamkeit und Selbstbeschäftigung einbauen. Auch ein etwas strukturierterer Tagesablauf kann helfen, die Erwartungshaltung des Hundes zu kanalisieren. So weiß er beispielsweise, dass immer nach dem Spaziergang Ruhe angesagt ist und er nicht nachlaufen muss, wenn das immer gleich praktiziert wird (kann er dagegen vielleicht doch noch wo ein Leckerchen abstauben, ist schon eine Erwartungshaltung vorhanden und das Nachlaufen lohnt sich).

Über die Abhängigkeit unserer Hunde von uns haben wir ja schon gesprochen. Es ist also für ihr Überleben wichtig, dass wir wiederkommen.

Wie würdest du dich in so einer Abhängigkeitsbeziehung fühlen?

Umso wichtiger ist es, den Hunden so viel Entscheidungsfreiheit und Selbstwirksamkeit wie möglich zu überlassen. Es ist also durchaus förderlich, manche Spielzeuge zur freien Verfügung zu lassen (solange der Hund damit keinen gefährlichen Quatsch macht), während andere ausgetauscht werden, um frischen Wind in die Bude zu bekommen (Enrichment), die Liegeplätze frei wählen zu lassen, verschiedene Kauartikel zur Auswahl anzubieten, den Weg beim Spazieren aussuchen zu lassen, auf die Bitte nach Aufmerksamkeit auch mal einzugehen (oft ist das auch eine willkommene Gelegenheit zur Pause, wenn wir neben dem Hund arbeiten) und so weiter.

Ein weiterer Nachteil der Abhängigkeit ist, dass unsere Hunde massiven Stress empfinden können, sobald wir sie allein lassen. Das kann so weit gehen, dass sie überhaupt keine eigenen Ideen mehr haben. Glücklicherweise sind Molosser und Co. eher nicht so gefährdet, sich dieser Abhängigkeit so vollständig zu ergeben. Trennungsstress gibt es allerdings in allen Rassen.

Merkst du, dass dein Hund offenbar alleine nicht gut zurechtkommt (vergiss nicht, die Kamera zu checken), kannst du mit Training beginnen.

Typische Anzeichen für Trennungsstress sind Zerstören, Bellen / Winseln / Heulen, Anspannung im Körper und im Gesicht (zum Beispiel Stressfalten unter den Augen oder hinter den Lefzen), mehr oder weniger Bewegung als üblich, angespanntes Beobachten der Tür und so weiter. Also eigentlich alles, was vom Normalzustand während deiner Anwesenheit abweicht.

Möchtest du also zu trainieren beginnen, kannst du ähnlich vorgehen, wie wir das schon bei den Welpen besprochen haben, und es gilt erst einmal herauszufinden, ab wann dein Hund solche Stresszeichen zeigt. Was ist also die Grenze?

Hast du diese Grenze gefunden, kannst du darunter zu trainieren beginnen, indem du dich schrittchenweise entfernst.

Hierbei kommt es darauf an, wo die Grenze deines Hundes ist und was genau seinen Stress auslöst.

Oft sind beispielsweise Gegenstände wie Schlüssel, Schuhe, Tasche oder Geräusche wie das Versperren der Haustür, das Gartentor, die Garage oder das Auto Auslöser für unsere Hunde. Je mehr wir beobachten, desto besser können wir das Training gestalten.

All diese Auslöser lassen wir nämlich anfangs weg.

Das kann bedeuten, dass du draußen eine Jacke deponierst, damit du ohne Jacke aus der Tür gehen kannst.

Zur Vorbereitung für die Übung an sich brauchen wir dann wieder einen Plan. Ein Beispiel haben wir schon bei den Welpen besprochen, hier also nochmal eine Variante.

Dieser Plan sollte auch hier keinem Muster folgen, was für uns Menschen sehr schwierig ist, denn wir Menschen tendieren dazu, solche Muster unbewusst einzubauen.

Der Unterschied zum Welpen besteht darin, dass du jetzt bei Minus beginnst, denn dein Hund hat bereits Stress verknüpft und damit eine negative Erwartungshaltung in Bezug auf die Alleinezeit.

Das Training braucht deshalb mehr Fingerspitzengefühl und Vorsicht.

Möchtest du beispielsweise an einer Grenze von zehn Minuten Alleinsein arbeiten, könnte dein Plan so aussehen:

- Aufstehen & Hinsetzen
- 60 Sekunden Pause
- Zur Tür gehen, zurückgehen & hinsetzen
- 80 Sekunden Pause
- Zur Tür rausgehen & sofort wieder reinkommen & hinsetzen
- 60 Sekunden Pause
- Zur Tür gehen, zurückgehen & hinsetzen
- 90 Sekunden Pause
- Zur Tür rausgehen, 2 Schritte weggehen, reinkommen & hinsetzen
- 90 Sekunden Pause
- Zur Tür rausgehen, sofort wieder reinkommen & hinsetzen
- Zur Tür rausgehen, 4 Schritte weggehen, reinkommen & hinsetzen
- 60 Sekunden Pause
- Aufstehen & Hinsetzen
- 70 Sekunden Pause
- Zur Tür rausgehen, gleich wieder reinkommen & hinsetzen
- 70 Sekunden Pause
- Zur Tür rausgehen, 2 Minuten weggehen, reinkommen & hinsetzen (Hin- und Rückweg sind insgesamt 2 Minuten)
- 70 Sekunden Pause
- Zur Tür rausgehen, 5 Minuten weggehen, reinkommen & hinsetzen
- 60 Sekunden Pause
- Zur Tür rausgehen, gleich wieder reinkommen & hinsetzen
- 70 Sekunden Pause
- Zur Tür rausgehen, 10 Minuten weggehen, reinkommen & hinsetzen

Remember me

Das Wichtigste an diesem Training ist, dass es für deinen Hund unvorhersehbar ist. Jeder Tag (also jedes Trainingspaket) ist anders. Sowohl die Wiederholungen als auch die Pausen unterscheiden sich.
Dein Hund wird recht sicher gute und schlechte Tage haben. Merkst du einen schlechten Tag an Stresszeichen, brich einfach ab und schreib dir auf, was du in der Kamera erkennen konntest und wie der Tag ansonsten gestaltet war (Fütterungszeit, Spaziergang, Vorkommnisse, ...). Das kannst du dann in dein Training einfließen lassen, wenn ein Muster erkennbar ist, dass dein Hund von etwas Bestimmtem beeinflusst wird.

Merkst du an irgendeiner Stelle, dass dein Hund Stresszeichen zeigt (wir beobachten unbedingt durch die Kamera), kannst du den Schritt und die Session für den Moment (oder Tag) abbrechen. Achte beim nächsten Versuch darauf, ob dein Hund wieder an derselben Stelle Stress bekommt oder ob es sich um einen schlechten Tag gehandelt hat.

Ich notiere zusätzlich gern alles, was in der Trainingssession passiert ist. Gab es Geräusche (auf die der Hund reagiert hat) oder vielleicht jemanden, der an der Tür geklingelt hat? Wie war das Wetter? Gab es vorher Beschäftigung und/oder Spaziergänge und wenn ja, wie lange und was? Hat der Hund vorher gegessen und konnte sich lösen?

Grundsätzlich ist das Training deutlich einfacher, wenn die Bedürfnisse gedeckt sind und der Hund bereit für ein Nickerchen ist.

Manche Hunde werden bei den Aufwärm-Wiederholungen unruhig (also alles, was unterhalb der Grenze passiert). Für sie ist es oft einfacher, nur eine Wiederholung an die Grenze zu machen und dann die Übung zu beenden.

Anfangs wird das zu relativ fixen Zeiten in der täglichen Routine passieren, und andere Zeiten bauen wir dann extra ins Training ein (wieder von Null beginnend).

Hat dein Hund gar keine Idee, was er allein machen könnte, kann es auch notwendig sein, dass ihr vorab Selbstbeschäftigung aufbaut oder er lernt, dass Objekte Spaß machen können (zum Beispiel Spielzeug). Auch eine Verknüpfung einzelner Gegenstände (zum Beispiel eine Decke) mit Entspannung kann deinen Hund während der Alleinezeit an positive Emotionen erinnern und ihm die Idee geben, dass er doch ein Nickerchen machen könnte.

Wie du siehst, ist das kein besonders schwieriges Training. Die Herausforderung besteht eher darin, dass dein Hund keinesfalls länger alleine bleiben sollte, als er es gerade schafft, denn sonst löst das sofort wieder den Trennungsstress aus und du machst deinen ganzen Erfolg bisher nicht nur zunichte, sondern startest beim nächsten Versuch sehr wahrscheinlich noch ein bisschen weiter weg vom Ziel.

Ein ausreichendes Management ist daher superwichtig.

Vielleicht können Nachbarn, Familie, Freunde aufpassen, du findest eine Sitterin oder eine Hundepension, kannst deinen Hund mit zur Arbeit nehmen oder auf Homeoffice umsteigen oder findest jemanden, mit dem du so etwas wie Dogsharing machen kannst.

Es findet sich meist eine Lösung.

Natürlich kannst du das Training auch präventiv mit deinem Hund machen, denn hinter Trennungsproblemen stecken sehr unangenehme Emotionen. Selbst wenn es sich „nur" um Barrierefrustration handelt, dein Hund also Frust empfindet, wenn er nicht zu dir kann. Eine zusätzliche Möglichkeit bei Barrierefrustration ist, einen Futterautomaten ins Training miteinzubauen.

Der Futterautomat ersetzt dabei deine Hand beim Belohnen. Du kannst also so oft wie nötig belohnen, während du schrittchenweise die Wohnung verlässt. Aber Achtung: Hierbei können wir schnell die Stresszeichen übersehen, wir müssen also umso besser beobachten und unterschiedliche Plätze einbauen, damit der Hund nicht glaubt, er müsse stundenlang auf einem Platz bleiben.

Ich übe außerdem gerne vorab mit dem Automaten, um zu vermeiden, dass sich der Hund vor dem Geräusch erschreckt (oder bei der Furbo-Kamera vor Geräusch und dem geschossenen Keks) und schon ein bisschen Routine in diese neue Form der Belohnung einzubauen.

Besonders gut für diese Vorübung eignet sich das Bleib-Training.

Beim Bleib kannst du dir aussuchen, ob du gerne ein Sitz, Platz, Steh oder eine variable Position haben möchtest. Mir ist am liebsten, der Hund sucht sich die Position aus, denn dann kann ich das Bleib auch nutzen, wenn zum Beispiel der Untergrund unangenehm zum Sitzen oder Liegen ist.

Zugegeben, das kann etwas schwieriger zu trainieren sein als bei einem Sitz oder Platz, denn daraus bewegen sich die meisten Hunde nicht so schnell weg, wie wenn sie schon stehen.

Der Unterschied ist allerdings gering und ihr schafft das bestimmt auch mit einer variablen Position.

Der Start ist dabei denkbar einfach.

Du stehst vor deinem Hund und belohnst ein paarmal für seine Aufmerksamkeit (jetzt schon aus dem Automaten). Je schneller hintereinander du hierbei die Kekse gibst, desto sicherer wird dein Hund die Umgebung ignorieren. Dennoch starte ich am liebsten an einem Ort mit möglichst wenigen Ablenkungen, zum Beispiel dem Wohnzimmer.

Hast du die Aufmerksamkeit deines Hundes sicher, kannst du das erste Mal dein Handsignal zeigen (zum Beispiel eine aufgestellte Hand). Da du noch vor deinem Hund stehst, hast du schon die erste Möglichkeit, ihn zu belohnen, denn er macht die Übung schon richtig. Cool, oder?

Im nächsten Schritt lehnst du dich dann mit dem Oberkörper etwas nach hinten, nachdem du dein Handsignal gegeben hast, und markerst und belohnst wieder, wenn dein Hund geblieben ist. Meist ist auch dieser Schritt noch recht einfach für deinen Hund. Ist dein Hund sehr unruhig, kannst du einen anderen Ort versuchen oder schauen, was die Aufregung gerade verursacht.

Hat dein Hund vielleicht Hunger, noch nicht genug geschlafen, war noch nicht draußen zum Lösen oder ist eher in Spiellaune?

Natürlich wird die Übung später auch in solchen Momenten klappen, jetzt beim Aufbau kannst du euch das Leben aber leicht machen und dann üben, wenn dein Hund in der bestmöglichen Verfassung ist.

Dasselbe gilt auch für Pausen. Merkst du, dass dein Hund (oder du selbst) unkonzentriert wird, mach ruhig eine Pause oder beende das Training für den Tag.

Klappt das Zurücklehnen gut, kannst du den ersten Schritt machen. Steigst du mit einem Fuß zurück, lässt den anderen vorne, kannst du wieder mit der Gewichtsverlagerung arbeiten. So hast du unterschiedliche Schwierigkeitsgrade und kannst die Übung daran anpassen, was dein Hund gut schafft.

Calumi widersteht dem Impuls, mir nachzulaufen, und bleibt sitzen.

Und ab hier werden die Schritte immer mehr.

Kannst du in einer geraden Linie zehn Schritte zurückgehen, ist es Zeit für eine kleine Veränderung.

Du startest wieder bei deinem Hund mit einem Schritt. Diesmal geht dieser Schritt allerdings zur Seite.

Je nachdem, ob dein Hund schnell gelangweilt ist oder lieber mehr gleiche

Wiederholungen hat, kannst du mehr oder weniger variieren. Du hast die Wahl bei der Richtung, in die du gehst, der Anzahl der Schritte, die du machst, und dabei, wie du dich verhältst.

So kannst du beispielsweise mal probieren, ob dein Hund bleiben kann, wenn du einen Ausfallschritt machst, in die Hände klatschst, pfeifst oder dich im Kreis drehst.

Wann immer du so eine neue Bewegung einbaust, mach die Übung ansonsten wieder deutlich einfacher, indem du erst mal nicht von deinem Hund weggehst.

Verwendest du für die Bleibübung den Futterautomaten, kannst du auch das Geräusch des Geräts als Marker verwenden.

Du wirst sehen, dass dein Hund sich bald schon beim Aufbauen des Automaten freut. Hat er diese Verknüpfung gemacht, kannst du mit dem Rausgehen beginnen.

Aber Achtung: Das Alleinebleiben ist keine Bleib-Übung. Die haben wir nur benutzt, damit sich dein Hund an den Automaten gewöhnt. Du gibst deinem Hund also kein Signal, bevor du gehst, kannst aber eine immer gleiche Verabschiedung verwenden, sodass dein Hund weiß, was passieren wird.

Meiner Erfahrung nach klappt eine ganz neue Verabschiedung besser, vor allem wenn der Hund bereits schlechte Erfahrungen mit der Alleinezeit gemacht hat.

Und natürlich gilt auch für diese Variante des Trainings, dass alles, was deinen Hund aufregt (Schlüsselreize), erst mal wegbleibt. Richte dir also wieder die Schuhe, Jacke und so weiter draußen her, sodass du sie vor dem Gehen nicht anziehen musst.

Zudem haben wir mit dem Futterautomaten einen Trainingsschritt mehr, denn wir müssen die Belohnung wieder ausschleichen.

Kann dein Hund etwa 20 Minuten lang entspannt alleine bleiben, könnt ihr die Schlüsselreize wieder einbauen. Nimm dazu jeweils einen Auslöser (zum Beispiel den Schlüssel) und bau ihn ein. Anfangs gestalte ich die Entfernung beziehungsweise die Dauer der Alleinezeit wieder deutlich einfacher.

So kann sich der Hund ganz locker an den neuen Ablauf gewöhnen und die Fortschritte stellen sich schneller wieder ein.

Wie auch bei den bisherigen Themen ist das Alleinbleiben stark vom Stresspegel und dem allgemeinen Wohlbefinden deines Hundes abhängig.

Deshalb kann es auch passieren, dass ein Hund, der gut alleinbleiben konnte, plötzlich Trennungsstress entwickelt.

Vor allem in der Pubertät und im Alter sehen wir das oft.

Alte Hunde fühlen sich oft nicht mehr ganz so wohl, sie merken, dass sie Selbstständigkeit verlieren, und auch die Sinne spielen nicht mehr so mit wie früher. Das kann ganz schön beängstigend sein und deshalb brauchen sie ihre Bezugspersonen mehr als je zuvor.

Es lohnt sich also auch hier, euer gemeinsames Leben als Gesamtes zu betrachten, um das Beste aus dem Training herausholen zu können.

Die sanfte Seele

Schon im Vorwort dieses Buches ist uns der Mythos begegnet, starke Hunde seien irgendwie stumpf.

Wir Menschen scheinen nur die Optik zu sehen und damit stecken wir unsere Hunde in eine Schublade, die wir dann am liebsten gar nicht mehr aufmachen.

Doch kann hinter einem muskulösen Körper kein sanftes Wesen stecken? Kann ein Bodybuilder nicht vorsichtig mit seinen Liebsten umgehen und ein gutes Gespür für die Bedürfnisse seiner Schützlinge (egal ob Kind, Hund oder Mitarbeiter) haben?

Ich erinnere mich gut, wie unsere Herdenschutz-Pflegehündin im Wohnzimmer mit unserer Staff-Mix-Hündin (in Größe eines Dackels) gespielt hat: 20 Kilo Gewichtsunterschied und die Kleine konnte ohne Körperkontakt unter der Großen durchlaufen.

Die Große war mit ihrem einen Jahr noch super verspielt, und damit das gut klappen konnte, hat sie sich einfach auf den Boden gelegt. So waren beide auf der gleichen Höhe und konnten maulfechten. Self-Handicapping nennen wir das … es kommt also so häufig vor, dass es einen eigenen Namen hat.

Starke Hunde sind also nicht unbedingt Bulldozer.

Viele von ihnen sind sogar emotional sehr sensibel. Manche von ihnen zeigen es nach außen schneller, manche weniger schnell.

Wo ein Terrier aufgrund von Überforderung schnell mal seine Zoomies läuft (narrische fünf Minuten in vollem Tempo über Stock und Stein), bewegt sich die Bulldogge einfach immer weniger, bis sie irgendwo „schläft".

Wie schnell Stress zu Überforderung führt, ist dabei sehr individuell. Wie sensibel ein Hund ist, bestimmt teilweise die Genetik (ein recht gut vererbbarer Charakterzug), aber auch die Aufzucht, und natürlich ist auch hier sehr viel Individualität dabei.

Welche Stressoren für welchen Hund genau relevant sind, hängt auch wieder von dessen Lerngeschichte ab.

Gab es beispielsweise mal einen blöden Vorfall mit einem Böller an Silvester, werden für diesen Hund laute Geräusche wahrscheinlich stressiger sein.

Hat ein Hund oft sein Zuhause verloren (Stichwort Wanderpokal), kann Alleinbleiben oder Autofahren diese Erinnerungen triggern und dadurch stressen.

Für manche Hunde sind es besonders die Dinge, die sie als Welpen nicht kennengelernt haben, besonders dann, wenn das sehr viele verschiedene Dinge sind.

Und natürlich sind auch Kombinationen möglich.

Wir als Bezugspersonen können glücklicherweise mit einer sicheren Bindung und einem sicheren Umfeld, Routinen, Ritualen und einem ausgewogenen Verhältnis zwischen passender Beschäftigung und Ruhe dafür sorgen, dass unsere Hunde ihre Balance wiederfinden und behalten.

Damit wir das können, ist allerdings wieder ein genaues Beobachten notwendig.

Bei extrovertierten Hunden (die im Stress zum Beispiel wie verrückt rennen oder irgendwas zerstören) ist das noch einfach. Schwieriger wird es bei den echten sanften Seelen, die sich lieber in ihr Schneckenhäuschen zurückziehen und völlig unauffällig bleiben.

Merkst du also an deinem Hund, dass er sich etwas zurückzieht, vielleicht nicht so aus sich herauskommt, eben nicht mal laut und ungestüm ist, rumblödelt und Quatsch macht, schau lieber genauer hin.

In der Verhaltensberatung ist auch das immer eine Red Flag: Der Hund ist immer brav.

Echt?

Was bedeutet brav?

Für manche Hundemenschen ist „brav" dann erfüllt, wenn der Hund den ganzen Tag auf dem gleichen Platz liegt, langsam zum Napf trottet und beim Spaziergang in Fußposition nebenher latscht, ohne sich für die Umwelt zu interessieren.

Das ist höchst bedenklich!

Denn Hunde verhalten sich normalerweise nicht so.

Wo ist die Lebensfreude? Wo sind die Bedürfnisse? Wo ist hündisches Normalverhalten? Wo ist der Quatschkopf? Wo ist der gemeinsame Spaß?

Für andere Hundemenschen ist „brav" allerdings auch dann erfüllt, wenn der

Hund auf den Rückruf hört, auch wenn er gerade mit einem Kumpel beschäftigt ist, die Leine locker lässt, obwohl er schnüffelt, zu Hause nichts kaputt macht, die Nachbarschaft nicht um drei Uhr morgens aus den Betten bellt und nur ab und zu die Blumen ausgräbt.

Hier ist alles ok.

Auch dieser Hund kann eine sanfte Seele sein, und falls in diesem Haushalt Probleme auftreten, kann vielleicht auch hier etwas optimiert werden, dem Hund geht es aber auf den ersten Blick deutlich besser.

Du merkst schon, was wir hier auch haben, ist eine Gratwanderung im Bereich der Regeln.

Natürlich brauchen wir Regeln mit unseren Hunden, werden es allerdings zu viele oder werden sie unfair kommuniziert, leidet die Lebensqualität.

Die kann allerdings auch dann leiden, wenn wir unseren Hunden die Fürsorge für uns als Bezugsperson komplett aufbürden.

Gerade besonders feinfühlige Hunde merken sofort, wenn es uns Menschen nicht gut geht. Manche Hunde suchen dann unsere Nähe, andere vergrößern die Distanz (beides ist ok und kein Zeichen für eine schlechte Bindung).

Versetzen wir uns auch hier mal in ihre Lage, wird allerdings schnell klar, dass ein Zusammenleben anstrengend werden kann, wenn die Bezugsperson stark schwankende Emotionen mitbringt, sehr aufbrausend ist, viel gestritten wird im Zuhause oder oft sehr negative Emotionen in der Luft liegen.

Damit möchte ich nicht sagen „reiß dich zusammen", sondern „wir dürfen als Bezugspersonen auch ein bisschen auf uns selbst achten". Je besser wir selbst aufgestellt sind, desto besser können wir für unsere Familien sorgen … auch die mit Fell.

Mit Krückstock und extra Portion Charme

Irgendwann erreicht jeder Hund das Seniorenalter und oft trifft es die großen Hunde (mit Ausnahme der Herdenschutzhunde) deutlich früher. Jedenfalls ist es für uns Menschen immer zu früh.

Gestern noch der süße kleine Welpe oder verrückte Jungspund aus dem Tierheim, heute der wackelige Opi mit dem Silberblick. Schauen wir in diese trüben Augen, könnten wir richtig traurig werden. Der Kloß im Hals macht deutlich, dass irgendwann der Abschied kommen wird.

Doch die viel bessere Idee ist, dass wir diese Zeit genießen.

Kurz nachdem mein erster fixer Hund bei mir eingezogen ist, habe ich mich für einen Kumpel für ihn entschieden. Ein passender Kandidat war recht schnell gefunden. Er war 13 und sollte der erste von vielen Senioren werden (manche bei mir zu Hause und manche im Hunde-Hospiz). Ich habe mir versprochen, immer mit Oldies zu leben, denn sie haben einfach einen ganz besonderen Charme.

Mittlerweile ist Sammy (der erste fixe) auf den Greisen-Platz gerutscht und auch er hat sich verändert, was ich lange nicht wahrhaben wollte. Eine liebe Kollegin hat irgendwann zu mir gesagt: „Du hast jetzt einen Senior." Und das war der Knall, der mich zum Aufwachen gebracht hat.

Ja, er ist ein Senior. Aber er ist noch nicht tot. Es hat also keinen Sinn, schon mal vorzutrauern. Dann verpassen wir nämlich so viele schöne Momente, auf die wir uns einlassen können und die es so nur mit Oldie gibt.

Doch was heißt ein Leben mit altem Hund eigentlich?

Wenn du jetzt an Tierarztkosten und Lebenseinschränkung denkst, kannst du recht haben. Das muss aber nicht sein.

Ich erlebe immer wieder, dass uns Hunde durchaus überraschen können ... in vielen Aspekten unseres gemeinsamen Lebens, und hier besteht keine Ausnahme.

So können Hunde mit 16 fröhlich und unbeschwert durch die Gegend flanieren, während andere mit neun schon quasi einen Totalschaden haben (zu ihnen gehört mein Sammy, leider).

Doch selbst wenn unsere Hunde im Alter Zimperlein oder sogar ernsthafte Krankheiten entwickeln, können sie dank moderner Tiermedizin oft jahrelang sehr gut damit leben.

In meiner Zeit im Hospiz bin ich vielen Hundeopis und -omis begegnet, die alle ihre Baustellen hatten und deren Lebensqualität trotzdem sehr hoch war.

Wichtig ist, dass wir erkennen, wenn etwas nicht stimmt, und schnell zum Arzt gehen. Wir haben ja schon besprochen, welche Auswirkungen die Gesundheit und Stress auf unsere Hunde haben kann und woran wir erkennen können, dass es unseren Hunden nicht mehr gut geht.

Im Alter kommt zu diesen Beobachtungen dann noch eine gute Vorsorge. Wie oft das für deinen Hund individuell sinnvoll ist, kann dir dein Tierarzt des Vertrauens genau sagen. Bei diesem Gespräch könnt ihr auch abklären, welche Untersuchungen ihr braucht und was (rassespezifisch) zu erwarten sein kann.

Besonders häufig kommen meiner Erfahrung nach Einschränkungen im Bewegungsapparat und ein Nachlassen der Sinnesleistungen vor.

Ersteres geht sehr häufig mit Schmerzen einher, die unsere starken Hunde nicht unbedingt sofort zeigen. Dir fällt womöglich auf, dass dein Hund nicht mehr so enthusiastisch zur Tür schießt, wenn du zu Leine und Geschirr greifst (eindeutige Anzeichen für den Spaziergang), das Tempo beim Spazieren wird immer langsamer oder er beginnt schnell zu hecheln oder sich hinzulegen, obwohl es gar nicht so warm ist.

Vielleicht zögert er, bevor er aufs Sofa springt oder Treppen steigt, möchte nicht mehr ins Auto oder verweigert immer wieder Signale wie „Sitz" oder „Platz".

Diese sonderbaren Verhaltensänderungen können auch wetterbedingt auftreten (insbesondere bei nasskaltem Schmuddelwetter) und sind ein Zeichen dafür, dass ihr tierärztliche Beratung in Anspruch nehmen solltet.

Das Gleiche gilt für andere Verhaltensänderungen. Es gibt zwar besonders häufige Zusammenhänge wie Gewitterangst und Schmerzen, aber wie schon erwähnt, kann hinter jeder Verhaltensänderung ein medizinischer Grund stecken und besonders Senioren haben nun einmal öfter ihre kleinen oder großen Sorgen.

Gehen wir von den Schmerzen einen Moment weg, ist es auch ganz normal, dass gerade Augen und Ohren sowie die Koordination im Alter nachlassen. Diese zunehmenden Einschränkungen können Hunde mitunter stark verunsichern und es ist eine Sache des Charakters und des Vertrauens zu uns als Bezugsperson, wie gut sie sich von uns helfen lassen.

Diese Hilfe kann vom stimmlichen Leiten auf einem Spaziergang (bei Sehschwäche) bis zum Ausdrücken der Blase (bei Verlust der Kontrolle über die Schließmuskulatur) oder dem Stützen in der Bewegung (bei Ataxie oder anderen Erkrankungen, die die Kontrolle über Gliedmaßen hemmen) gehen.

Hebegeschirre, Stützhilfen, Rollstühle, Orthesen und Co. sind heute glücklicherweise schon recht gut zu bekommen.

Manche Hunde brauchen auch tägliche Medikamentengabe oder Hilfe beim Essen (zum Beispiel bei Erkrankungen der Speiseröhre).

Und wir dürfen nicht unterschätzen, was für eine Riesenhilfe unser seelischer Beistand leisten kann.

So lassen sich Epileptiker (Achtung: Beißhemmung kann im Anfall ausgeschaltet sein) und Hunde mit Canine Cognitive Dysfunction (Demenz) durch ihre vertraute Bezugsperson beruhigen und nach einer Episode erfahrungsgemäß leichter wieder in positive emotionale Balance bringen.

Ich habe auch erlebt, wie Epileptiker die Nähe ihrer Menschen gesucht haben, als sich ein Anfall angekündigt hat, und dieser ist weniger heftig ausgefallen als ohne Beistand. Dabei handelt es sich nicht um eine wissenschaftliche Studie (zwei von zwei Hunden wären dabei eine viel zu kleine Stichprobe ohne Kontrollgruppe und so weiter), aber ich finde die Beobachtung dennoch sehr interessant.

Was wir davon mitnehmen können, ist jedenfalls, dass unsere alten Hunde eventuell mehr Unterstützung und Umsicht unsererseits brauchen und dass wir eventuell mit unserer Fürsorge mehr erreichen können, als wir glauben.

Und selbst, wenn unsere Senioren völlig gesund altern, werden sich ihre Bedürfnisse und Hobbys verändern.

Wer als Jungspund liebend gern halb Baumstämme herumgeschleppt und im Garten Schmetterlinge gejagt hat, beobachtet jetzt vielleicht lieber die Vögelchen und beschäftigt sich mit einem Intelligenzspielzeug.

Auch die Geduld und Frustrationstoleranz können im Alter abnehmen.

Unsere Hunde geben also bei Herausforderungen schneller auf, mögen den Trubel einer Hundegruppe nicht mehr so gerne oder ziehen sich bei Besuch eher zurück.

All das können normale Veränderungen im Alter sein.

Jetzt sind wir gefragt.

Wir müssen bereit sein, uns auf unsere Hunde einzustellen und unseren Alltag entsprechend anzupassen.

Vielleicht können unsere Hunde auch manche Unternehmungen nicht mehr mitmachen. Manchmal gibt es dafür Alternativen (der Frenchie fährt vielleicht im Buggy mit wandern), manchmal stellen wir auch einfach unsere Bedürfnisse ein Weilchen zurück und genießen neue Hobbys zusammen.

Allgemeines und Beschäftigung – kindisch sein erwünscht

Egal ob alt oder jung, Beschäftigung stillt Bedürfnisse, hält das Gehirn fit (beugt also Demenz vor) und fördert die Lebensfreude und die Bindung.

Hunde sind super individuell, und was im Training für den einen super klappt, möchte der andere überhaupt nicht mitmachen. Wenn wir ehrlich sind, geht es uns Menschen ja genauso.

Der Glaube, dass Molosser dumm wären und keine Beschäftigung bräuchten, ist allerdings mehr als falsch.

Es gibt aber ein paar Dinge, die so ziemlich jedem Hund Spaß machen und die bei Bedarf nur geringfügig angepasst werden. Und alle diese Dinge schweißen uns mit unseren Hunden zu einem absoluten Dreamteam zusammen. Toll, oder?

Dabei kann es so etwas Einfaches sein wie Waldbaden beziehungsweise Erkundungstouren oder hochkomplex in die Nasenarbeit hineinreichen. Der Fantasie sind keine Grenzen gesetzt.

Und wenn du dich öfter mal nicht entscheiden kannst, weil einfach zu viele Dinge Spaß machen, schnapp dir einfach ein leeres Gurkenglas, ein paar Zettelchen und schreib alle Aktivitäten und Orte auf, die ihr machen oder erkunden könnt.

Haben die Zettelchen unterschiedliche Farben (eine ist für Spiele, eine für Training, eine für Orte und so weiter), kannst du die Kategorien bewusst wählen. Das passt besonders gut, wenn dein Hund – oder ihr beide – nicht immer gleich viel Lust auf alle Aktivitäten habt. Alternativ haben alle die gleiche Farbe und du lässt dich überraschen.

Unser Enrichment-Jar

Die natürlichste Sache der Welt

Die erste Beschäftigungsform, die ich dir vorstellen möchte, ist eigentlich ein Fütterungsritual, das sowohl die Natur unserer Hunde als Scavenger aufgreift als auch super mutig macht und dazu genial einfach ist. Es handelt sich um die Therapeutische Futtersuche von Dr. Ute Blaschke-Berthold (CumCane).

Du brauchst das Futter deines Hundes (ja, klappt auch mit Barf), Schachteln, einen rutschfesten, leisen Untergrund wie Gras oder Teppich und deinen Hund.

Fütterst du etwas Feuchtes / Frisches, kannst du zusätzlich Plastikdeckelchen verwenden, damit die Schachteln länger heil bleiben. Die haben noch einen anderen Vorteil, zu dem kommen wir später.

Die Schachteln können unterschiedlich breit und hoch sein, sodass sie für deinen Hund unterschiedlich schwierig werden.

Der bekommt nämlich die Möglichkeit, sein Futter aus den Schachteln und zwischen den Schachteln einzusammeln. So, wie er das als freilebender Hund auf einem Futter-Streifzug auch machen würde. Höhere und engere Schachteln sind also schwieriger, denn sie berühren schneller das Gesicht und klingen auch anders, wenn dein Hund den ganzen Kopf reinstecken würde.

Verteile die Boxen so, dass neben jeder schweren eine einfache steht, und das Futter befindet sich sowohl in als auch zwischen den Schachteln am Boden.

Wir nutzen für das Spiel nur eine Sorte Futter.

Dein Hund hat also keinen Nachteil, wenn er sich eine Schachtel nicht zutraut und lieber das Futter am Boden oder in der Schachtel daneben nehmen möchte.

Lass ihn einfach in seinem Tempo und mit seiner Strategie werkeln. Kein Anfeuern, kein Hinweisen auf übersehene Futterstückchen. Wir wissen ja nicht, ob unsere Hunde etwas nicht vielleicht mit Absicht liegen lassen. Das ist ihre Zeit und Möglichkeit, so zu tun, wie sie wollen.

Nur, wenn dein Hund offensichtlich nach Hilfe fragt – dich anschaut, herkommt und dann zur Schachtel geht, anstupst … – kannst du helfen.

Verwendest du Deckelchen, kannst du sie in die Schachteln beziehungsweise auf den Boden legen und das Futter darauf verteilen.

Möchtest du das Spiel später an neue Orte mitnehmen, kannst du das nur mit den Deckelchen machen und ersparst dir, die ganzen Schachteln mitzuschleppen.

Trotzdem geben die Deckelchen deinem Hund ein eindeutiges Zeichen dafür, dass das Spiel als Nächstes kommt. Das ist auch der Grund, warum wir das Setup über die Schachteln wählen.

Sie sind ein eindeutiges optisches Signal für dieses Spiel.

Unsere Hunde lernen solche Muster unglaublich schnell und verlassen sich darauf, wenn sie sich mal unsicher fühlen. Deshalb ist ein Spiel wie dieses so praktisch mitzunehmen.

Du wirst merken, wie sich dein Hund schon nach ein paar Durchgängen wahnsinnig freut, wenn er das Setup erkennt.

Skadi ist schwer begeistert von ihrer ersten therapeutischen Futtersuche.

Diese Freude können wir mit sehr geringem Aufwand nutzen, um auch schwierige Momente zu entschärfen, indem wir die Deckelchen mitnehmen.

Ist ein neuer Ort für deinen Hund gruselig? Kein Problem!

Direkt am Auto kannst du die Deckelchen (oder auch die ganzen Schachteln) aufbauen und der Hund bekommt sofort die freudig verknüpfte, gewohnte Bespaßung geboten.

Dein Hund findet fremde Menschen suspekt?

Kein Problem!

Lass dir von Arbeitskolleginnen oder Bekannten getragene Kleidungsstücke oder Taschentücher, die sie in der Hand hatten, in einer Plastiktüte geben (damit dein Geruch den ihren nicht überlagert).

Wenn du die Therapeutische Futtersuche für deinen Hund vorbereitest, legst du die Gegenstände mit dem Geruch (ohne Plastiksackerl) mit etwas Abstand an den Rand. An den Gegenständen ist kein Futter.

Dein Hund kann frei entscheiden, ob er sich mit dem Fremden auseinandersetzen möchte oder lieber erst beim nächsten Mal.

Das ist echte Selbstwirksamkeit und du wirst überrascht sein, wie viel sich unsere Hunde trauen, wenn wir Druck wegnehmen.

Dein Hund fürchtet sich vor Geräuschen? Kein Problem!

Wir haben uns ja die Verbindung von Geräuschen mit Beschäftigung schon angesehen. Die Therapeutische Futtersuche ist hier besonders stark.

Schalte das Geräusch in einer wahrnehmbaren, aber nicht beängstigenden Lautstärke an und dann startet dein Hund in sein gewohntes Spiel.

Ist das gut ritualisiert und gibt es immer wieder auch Durchgänge ohne Geräusch, wirst du merken, dass das Geräusch recht zügig an Intensität zunehmen kann.

Was aber, wenn sich dein Hund gar nicht an eine Schachtel herantraut? Besonders frisch adoptierte und/oder besonders ängstliche Hunde können auch von so einer scheinbar einfachen Aufgabe überfordert sein. Dann vereinfachen wir sie weiter, bis sie lösbar wird.

Wir können uns damit helfen, was dein Hund in seinem bisherigen Leben kennengelernt hat. Kennt er einen Napf? Musste er vor diesem warten? Wenn ja, dann bekommt er einen Napf, ein Deckelchen und die sofortige Freigabe. Vielleicht kann er sogar etwas Futter vom Boden nehmen.

Manche Hunde können auch nur das. Andere brauchen hierfür eine extra Freigabe oder müssen erst lernen, dass vom Boden zu essen überhaupt sicher ist, wenn das im früheren Leben hart bestraft wurde.

Als erste Schachtel können wir beispielsweise einen ganz flachen Karton versuchen. Die Unterkartons von Dosen-Sixpacks eignen sich hier oft gut.

Bei Hunden, die Hunger leiden mussten, kann anfangs ein voller Napf stehen und drum herum das gestreute Futter in den Schachteln (die Vorbereitung der Schachteln passiert bestenfalls während des Fressens, um Stress gering zu halten).

So kannst du Stückchen für Stückchen immer mehr dazu nehmen und gerne eine Mahlzeit durch dieses praktische, natürliche Fütterungsritual ersetzen.

Wer weiß, vielleicht baust du sogar innerhalb kürzester Zeit ganze Schachtellandschaften im Haus oder im Garten, nimmst noch Futterbälle und Schnüffelteppiche dazu, und dein Hund ist der glücklichste der ganzen Nachbarschaft.

Zuhause – schlechtes Wetter kann uns mal

Möchtest du deinen Hund sich ein wenig selbst beschäftigen lassen, kannst du ihm Schachteln zum Zerreißen vorbereiten, in denen sich jeweils ein Keks befindet. Hierzu eignen sich alle Kartonverpackungen, in denen kein giftiger Inhalt war.

Und natürlich kannst du auch einen Schnüffelteppich zur Verfügung stellen.

Ich lasse die Hunde solche Dinge das erste Mal am liebsten in meinem Beisein ausprobieren, falls der Hund auf die Idee kommt, den Karton oder Teppich zu fressen. Dann kannst du entweder sofort Kekse streuen, wenn dein Hund die Schachteln ausgepackt hat und sie einsammeln, oder eine andere Beschäftigungsform aussuchen.

Kleiner Insider: Schnüffelteppiche lassen sich aus ausrangierter Kleidung wunderbar selber machen – mit DIY-Anleitung aus dem Netz und/oder Fantasie.

Weitere gute Möglichkeiten für Selbstbeschäftigung sind Kauen und Schlecken.

Ich mag hierfür gerne natürliche Kauartikel wie Knochen (keinesfalls gekocht!), getrocknete Sehnen oder Ähnliches und einen Teil der normalen Futtermenge auf der Schleckmatte (eventuell gefroren, um die Beschäftigung länger dauern zu lassen).

Ein Riesenvorteil des Kauens ist, dass es ein natürliches Bedürfnis vieler starker Hunde stillt und dadurch Möbel & Co. vor Zerstörung geschützt werden.

Bei den Kauartikeln handelt es sich allerdings um minderwertiges Protein, das wir nur dosiert zur Verfügung stellen sollten.

Da viele starke Hunde sehr begeisterte Kauer sind, brauchen wir eventuell auch zwischendurch etwas, das wir dauerhaft anbieten können. Hierfür eignen sich Wurzeln und Hölzer (nicht splitternd und ungiftig).

Bei allen Kauartikeln und Schleckbeschäftigungen gilt, dass manche Hunde frustriert werden, wenn sie nicht schnell genug große Stücke vertilgen können. Fällt dir das bei deinem Hund auf, weil er zum Beispiel große Augen oder Falten im Gesicht bekommt, hektisch hechelt oder die Futterspielzeuge durch die Gegend wirft (das kann auch für Spiellaune sprechen), probiere einfach eine andere Variante aus.

Ganz oben auf meiner Liste der Lieblingsbeschäftigungen stehen Suchspiele. Es gibt kaum Hunde (vielleicht mit Ausnahme der Kurzschnauzen, die mit ihrer Luftnot beschäftigt sind), die Suchspiele nicht mögen. Zusätzlich können wir damit so kreativ werden, dass sie nie langweilig werden und für jeden Hund etwas dabei ist.

Möchtest du mit deinem Hund in die Suchspiele einsteigen, kannst du ganz einfach mit Keksen beginnen. Die sind für die meisten Hunde motivierend und riechen intensiv genug, um den Einstieg zu ebnen.

Ich verwende für Suchspiele sehr gern mein Bleib, wenn der Hund das schon kann. Anfangs gehe ich in gerader Linie vom Hund weg und lege den Keks auf den Boden, sodass der Hund genau sieht, was ich da mache. Meistens sind die Hunde dabei schon sehr neugierig und so übst du das Bleib auch gleich unter Ablenkung.

Zurück beim Hund angekommen, gebe ich eine Freigabe, durch die Neugier wird er einfach loslaufen, und genau das wollen wir.

Du kannst auch mit einer einladenden Geste mithelfen.

Das wiederholen wir so oft, dass der Hund eine genaue Vorstellung davon hat, wie das Spiel funktioniert. Hat dein Hund verstanden, worum es geht, ersetze die Freigabe durch ein „Such"-Signal.

Dann kannst du in die Übung ein Antäuschen einbauen. Der Ablauf bleibt also gleich, nur dass du einmal so tust, als würdest du etwas hinlegen, dann gehst du noch ein Stückchen und legst tatsächlich was hin.

Für mich ist es mega spannend zu sehen, wie die Hunde mit dieser neuen Information umgehen.

Klappt auch das gut, kannst du deinen Hund irgendwie am Zusehen hindern (ihn zum Beispiel in einem anderen Raum lassen oder anderweitig beschäftigen, wie mit einer Schleckmatte). Wann immer du so eine Veränderung einbaust, kannst du die Entfernung, in der du versteckst, wieder verringern.

So bekommt dein Hund schnellen Erfolg und ihr habt einfach Spaß.

Die Welt als Spielplatz

Klappen die Suchspiele zu Hause gut, kannst du sie natürlich auch auf den Spaziergang mitnehmen. Entweder du baust spezielle Inseln in eure Runde ein (wenn die immer gleich ist), wobei du an den immer gleichen Plätzen Suchspiele anbietest, oder du lädst deinen Hund einfach zwischendurch zum Suchen ein.

Welche Variante besser passt, hängt mitunter davon ab, wo du gehst und wie aufgeregt dein Hund ist. Je aufgeregter oder ängstlicher, desto eher passen Inseln.

Du wirst schnell merken, dass so kleine Beschäftigungseinlagen deinen Hund viel besser auslasten als stumpf Strecke zu machen. Das gilt natürlich auch für das Erkunden neuer oder spannender Orte. Langsamkeit führt also deutlich schneller zu einem glücklichen, zufriedenen Hund.

Vielleicht triffst du auch auf Spaziergängen ab und zu einen Hundekumpel. Soziales Miteinander lastet unglaublich gut aus und stillt zudem gegebenenfalls auch gleich ein Bedürfnis deines Hundes.

Und natürlich kannst du auch Kauen & Schlecken auf den Spaziergang mitnehmen. Sie eignen sich besonders dann, wenn du Pausen machen möchtest.

Ich baue gern Pausen in meine Spaziergänge ein, denn ich möchte, dass meine Hunde das als Vorbereitung für Wanderungen kennenlernen. Vielleicht möchtest du dich auch mal mit jemandem unterwegs unterhalten oder auch auf ein Picknick gehen. Dann ist es superpraktisch, wenn dein Hund bereits Pausen kennt. Außerdem ist es meiner Meinung nach einfach schön, gemeinsam innezuhalten und die Natur zu beobachten.

Auch diese Pausen und das gemeinsame Beobachten kannst du natürlich als Inseln einbauen, wenn du immer die gleiche Strecke gehst.

Zudem helfen Pausen auch, wenn dein Hund ansonsten durch die Länge der Runde überfordert wäre, aber es gibt keine kürzere Option in eurer Umgebung. Mag dein Hund Berührungen gerne, kannst du die mit einbauen. Manche Hunde können auch lernen, sich aktiv durch Massagen, TTouch, Streicheln, isometrische Übungen (leichter Druck an Schulter oder Schenkel, um den Hund zum Anlehnen einzuladen) und so weiter draußen entspannen zu lassen. Am besten hat das mit meinen Teams bisher dann geklappt, wenn zu Hause schon gekuschelt wurde und die Menschen ein bestimmtes Signal davor gesetzt haben. Nach einigen Wiederholungen konnten sie das dann in den Garten und dann in weiterer Folge immer weiter nach draußen verlagern.

Du kannst natürlich auch mit dem Hund in ein neues Gebiet fahren und auf Erkundungstour gehen.

Auch das kann eine ganz eigene Form der Beschäftigung und Bindungsförderung sein. Neues zu erkunden gibt dem Hirn neue Impulse, es lastet aus und verbindet.

Was interessiert deinen Hund am meisten? Mag er gern menschliche Gerüche? Oder streift er gerne auf Waldwegen umher? Oder ist er eine richtige Wasserratte? Mag er gerne auf Hindernisse hinaufklettern oder läuft er lieber drumherum? Welche Bewegungen fallen ihm leicht und welche schwerer?

Neue Gebiete geben uns die Möglichkeit, wieder neue Seiten an unseren Hunden zu erkennen. Wir können die Welt als Spielplatz hernehmen und unseren Hunden viele verschiedene Möglichkeiten bieten, ihre Koordination zu verbessern und einfach mit uns Spaß zu haben.

Und vielleicht zeigen sie uns sogar Dinge, die wir ohne sie übersehen hätten.

Es lohnt sich also immer, Interesse an den Aktivitäten unserer Hunde zu zeigen, denn auch unsere Gehirne freuen sich über Neues und spannende Entdeckungen.

Du kannst auch einen Rucksack mitnehmen, der mit ganz besonderen Dingen gefüllt ist:

- Ein neuer Gegenstand oder ein neues Spielzeug zum Erkunden
- Ein Futterspielzeug
- Ein neuer Geruch in einer Dose
- Etwas für dich zu essen
- Etwas Essbares für euch zum Teilen

So ein kleines Picknick kannst du natürlich auch als Insel auf euren gewohnten Spaziergang einbauen oder im Garten veranstalten. Hauptsache, es entsteht ein Gefühl der Gemeinsamkeit.

Und wir schaffen eine Freundschaft fürs Leben.

Calumi überlegt noch, ob sie die isometrische Übung genießen kann.

Wie neu, nur leichte Gebrauchsspuren

Ich möchte die letzten Worte dieses Buches dem Tierschutz widmen, denn er liegt mir sehr am Herzen. Bei mir sind bisher nur Tiere aus dem Tierschutz eingezogen und ich denke, das wird auch so bleiben (wobei ich die Argumente für Welpen vom Züchter durchaus nachvollziehen kann).

Allein durch die Gesetzesänderungen in Bezug auf Listenhunde sehen sich immer mehr Menschen gezwungen, ihre Tiere abzugeben, und so sitzen in unseren Tierheimen Unmengen an tollen Hunden.

Doch nicht nur in heimischen Tierheimen finden wir unsere vierbeinigen Freunde. Auch im Auslandstierschutz finden sich immer wieder tolle Begleiter.

Ich mache dabei die Erfahrung, dass es bei den Molossern nicht sehr viele Rassen im Tierschutz gibt (und sie werden oft in höherem Alter abgegeben). Je nach Herkunftsland können Häufungen in der Gruppe auftreten.

Beispielsweise sehe ich sehr viele Herdenschutzhunde aus Rumänien und Italien und starke Terrier eher aus dem Inland, Spanien oder Ungarn.

Schreib mir gerne deine Erfahrungen, denn das können auch sehr individuelle Beobachtungen von mir sein (wir sind ja alle so in unserer Bubble).

Oft werde ich mit der Annahme konfrontiert, die Hunde aus dem Tierschutz seien schwieriger, und das ist auch oft der Grund, warum sich das manche Hundemenschen nicht zutrauen und lieber einen Welpen vom Züchter nehmen.

Dabei sind erwachsene Hunde sogar oft einfacher, besonders dann, wenn sie ihr Leben in einer Familie verbracht haben. Immerhin finden wir Hunde jeden Alters im Tierschutz.

Wäre es nicht schön, einem alten Hund noch ein paar schöne Jahre in Geborgenheit zu schenken?

Bei mir haben bisher zwei Senioren mit 13 Jahren einen Lebensplatz und eine Seniorin, lustigerweise ebenfalls mit 13, einen Pflegeplatz gefunden und ich würde es immer wieder machen.

Auch meine Zeit im Hundehospiz (Mindestalter 10 Jahre, aus unterschiedlichen anderen Tierschutzorganisationen) hat mir meine Einstellung zu den Senioren bestätigt. Sie sind, genau wie ihre jungen Artgenossen, mal einfacher und mal schwieriger als Welpen.

Das hängt von ihrer Geschichte und ihrem gesundheitlichen Zustand ab, doch jedenfalls finden sie schwerer einen Platz und die meisten sind in ihrem Wesen gefestigt und gemütlich.

Meine beiden fixen Senioren waren mit ihren 13 noch äußerst aktiv, haben lange Spaziergänge (1 Stunde und länger) mitgemacht und sogar bei meinen Trainings geholfen. Wir konnten tolle Jahre zusammen verbringen, bevor sie mehr Pflege brauchten und ich sie schlussendlich bei ihrem letzten Gang begleiten durfte.

Soll es ein Welpe werden, gibt es auch im Tierschutz tolle Welpen und viele Tierheime und Pflegestellen machen sich wirklich viel Mühe, um eine möglichst gute Sozialisierung (dazu gleich mehr).

In meiner Praxis sehe ich Hunde mit den unterschiedlichsten Geschichten und Herkünften, und wenn es um Verhaltensprobleme geht, halten sich Tierschutz und Zucht die Waage.

Meist entwickeln sich diese Probleme nämlich erst durch die jeweiligen Lebenserfahrungen des einzelnen Hundes (wobei wir die Genetik schon auch beachten sollten, gerade wenn es um die Gesundheit geht).

Mittlerweile habe ich schon oft erlebt, dass sowohl Tierheime als auch private Vereine mit Pflegestellen sehr viel Herzblut in die frühe Sozialisierung der Welpen legen und auch auf Programme wie „Puppy Culture" zurückgreifen.

Das wäre zum Beispiel eine Frage, die du der Organisation stellen kannst, wenn du dir überlegst, einen Welpen zu adoptieren.

Puppy Culture und ähnliche Programme bieten Pläne und Guidelines für die frühe Sozialisation der Welpen, quasi ab dem Tag der Geburt. So wird der Grundstein dafür gelegt, dass die Hunde mit unterschiedlichen Dingen in ihrem späteren Alltag bekannt gemacht werden, dass sie

Achtung: Fake-Goldies

Klein, weiß bis beige, flauschig und unheimlich putzig. Das sind Goldie-Welpen … oder?
Tja. Nicht nur.
Immer wieder erreichen mich Geschichten verdutzter bis verzweifelter Hundeeltern, deren vermeintlicher Golden-Retriever(-Mix) aus dem Auslandstierschutz immer größer wird und sich auch so gar nicht wie ein Goldie verhält. Bei genauerem Hinsehen entpuppt sich der nämlich als Herdenschutzhund. Gerade Pyrenäenberghunde, Kuvasz und Maremmanos sehen als Welpen den Goldies durchaus ähnlich und werden gerne verwechselt.
Fällt dir also zum sensiblen Wesen auch eine Portion Wachsamkeit, deutlich mehr Ruhe, Ernsthaftigkeit und ein Hang zu Ressourcen auf, schau mal genauer hin …

Stressresistenz, Resilienz, Selbstregulation lernen und ganz allgemein positive Erfahrungen machen.

Der Aufwand hierbei ist nicht zu unterschätzen und deshalb ziehe ich den Hut vor allen Tierschützern, die sich dieser Mammutaufgabe stellen.

Leider gibt es auch immer noch Hunde, die bisher nur Menschen kennenlernen durften, die sie an irgendwelche Ketten gebunden oder als Statussymbole angeschafft und dann ignoriert haben. Sie müssen erst lernen, dass Menschen auch anders sein können und Liebe zu geben haben.

Natürlich können Hunde, die schon länger auf dieser Welt sind, mehr (schlechte) Erfahrungen gemacht haben als ein Welpchen, und Verhalten, ob „gut" oder „schlecht" (unserer Ansicht nach), hat sich mehr gefestigt.

Dennoch lernen Hunde, genau wie wir, bis ins hohe Alter, und die Aufzucht in den ersten Wochen, die Genetik und der emotionale Zustand (vor allem der Stresspegel) der Eltern haben Einfluss auf die psychische und physische Entwicklung eines Welpen.

Einige Quellen sind daher unter allen Umständen zu meiden (auch wenn uns die Hunde leidtun):

Vermehrer

Die Hunde machen keine oder schlechte Erfahrungen, es wird weder auf die Gesundheit noch auf den Charakter geachtet, meist gibt es keine medizinische Versorgung und auch die Fürsorge der Mutter fehlt (entweder weil sie zu fertig ist oder die Welpen zu früh weggenommen werden).

Achtung, Designerrassen, teure Mischlinge und Modehunde

Wir haben schon besprochen, dass etwas Besonderes auch einen hohen Wert hat. Das trifft leider auch auf Hunde(rassen) zu. So werden immer wieder neue Rassen, Farbschläge und „Besonderheiten" kreiert, die für die Hunde in den meisten Fällen mit teilweise massiven Qualen verbunden sind.

Sehen wir uns ein scheinbar harmloses Beispiel an: die blauen Staffis. Ihre Farbe stammt aus einem Gendefekt, der nicht nur die Farbe beeinflusst, sondern auch für eine ganze Reihe an Krankheiten und Problemen sorgen kann. Wir sehen nicht nur dünneres Fell und verstärkten Haarausfall, sondern auch häufige bakterielle Hautentzündungen und ständigen Juckreiz.

Jetzt stell dir bitte mal vor, du hast ständig am ganzen Körper Insektenstiche und es juckt dich. 24 Stunden, 365 Tage im Jahr. Also, ich würde wahnsinnig werden.
Doch auch Modehunde, die einer besonders beliebten Rasse angehören, werden immer kranker. Ist die Nachfrage hoch, gibt es immer mehr Vermehrer, die nicht darauf achten, ob die Elterntiere gesund sind. Vermehren sie dann mit einer ohnehin schon kranken Rasse, ist die Katastrophe vorprogrammiert. Paradebeispiele hierfür sind Mops und Frenchie.
Ihre Probleme haben wir schon besprochen.
Genau dieselbe Thematik, nur noch etwas heftiger, liegt übrigens bei der Englischen Bulldogge vor.

Doch auch Designerrassen, die einfach wild zusammengemischt aus anderen Rassen entstehen, damit sie einem bestimmten Schönheitsideal entsprechen, halte ich für bedenklich.
Zwar kann die Gesundheit bei Mischlingen durch einen erweiterten Genpool auch verbessert werden, allerdings nur dann, wenn der Nachwuchs von den Elternteilen gesunde Gene vererbt bekommt.
Sehr vereinfacht gesagt: Zwei Eltern mit kaputter Hüfte können keine Welpen mit gesunder Hüfte hervorbringen.

Hinzu kommt, dass nicht jede Kombination vererblicher Verhaltensmerkmale sonderlich glücklich verläuft. Wie wir bereits gesehen haben, können wir nicht überall Einfluss nehmen, werden allerdings Geräuschempfindlichkeit und hohe Jagdmotivation vererbt, die Welpen dann vielleicht noch in irgendeinem Verschlag gehalten, wo sie nichts kennenlernen, und die Mutterhündin ist nicht besonders fürsorglich, können wir keinen coolen, entspannten Begleiter erwarten.
Zwar können wir mit vernünftigem Verhaltenstraining und einem bedürfnisgerechten, sicheren Leben durchaus viel erreichen, selbst wenn die Startbedingungen nicht optimal waren, dann macht es aber deutlich mehr Sinn, gleich einen Welpen aus dem Tierschutz zu adoptieren, als solche Machenschaften durch Geld auch noch zu unterstützen.

Bauernhof

Auch hier lernen die Welpen in der Regel zu wenig kennen und haben dann große Schwierigkeiten, sich in der menschlichen Welt zurechtzufinden.

Zudem wird auch hier üblicherweise nicht genau auf die Gesundheit und Persönlichkeit der Eltern geachtet.

Ausnahmen bestätigen die Regel natürlich.

Direktadoptionen aus dem Shelter

Diese Option ist dann geeignet, wenn du dein Leben sehr flexibel nach dem Hund richten kannst, ländlich (besser abgeschieden) lebst und keine Erwartungen hast oder wenn die Vorgeschichte des Hundes wirklich sicher bekannt ist (Abgabe durch die eigene Familie, wobei man sich dabei auch auf die Ehrlichkeit der Person verlässt).

Besonders wenn die Vorgeschichte nicht bekannt ist oder der Hund bisher nichts kennengelernt hat, bekommst du hier ein Überraschungspaket und meist brauchen diese Hunde sehr lange, um sich in der Menschenwelt zurechtzufinden.

Natürlich können letztere Adoptionen auch gut gehen. Besonders bei jungen Hunden oder jenen, die ihr Leben in einer Familie verbracht haben, bevor sie abgegeben oder ausgesetzt wurden, haben wir gute Chancen auf einen ganz gut angepassten Hund.

Werden die Hunde dagegen im Erwachsenenalter in ein komplett anderes Umfeld vermittelt (zum Beispiel von der Dorfstraße in die Großstadt), kann das schnell zu gravierenden Problemen führen. Sie erleben quasi einen Kulturschock. Hierbei bleibt die Frage, ob es dem Hund nicht sogar auf der Straße besser gegangen wäre (das kommt sehr auf den Umgang mit Straßenhunden im jeweiligen Land an).

Ich empfehle daher gerne eine Adoption von einer Pflegestelle. Da unsere vierbeinigen Freunde super anpassungsfähig sind, kann es auch hier passieren, dass sich dein Hund stark verändert, wenn er bei dir wohnt. Trotzdem ist die Pflegestelle schon einmal ein ähnliches Umfeld und du kannst sehen, wie wohl sich der Hund in eben diesem fühlt.

Auf der Pflegestelle lernt der Hund auch oft schon die Basics unserer Gesellschaft kennen (drinnen schlafen, Brustgeschirr, Hundefutter aus dem Napf, menschliche Gegenwart, Haushaltsgeräusche, eventuell tierische Mitbewohner und so weiter).

Damit kann die Pflegestelle auch eine Einschätzung darüber geben, wo sich der Hund im Alltag schwertut und was in seinem zukünftigen Leben vielleicht auch einfach nicht vorkommen sollte.

So kann sich zum Beispiel eine ausgeprägte Jagdpassion herauskristallisiert haben und der Hund sollte daher nicht zu Kleintieren und Katzen adoptiert werden. Oder der Hund fürchtet sich vor Kindern und daher ist eine Adoption in eine Familie mit Kindern nicht empfohlen.

Eine Absage hat also normalerweise keinen persönlichen Grund, sondern der Verein versucht, für alle Beteiligten die beste Lösung zu finden, sodass Hund und Mensch Freude aneinander haben. Natürlich gibt es auch Vereine, die irrwitzige Ansprüche an

Adoptanten haben, dann ist eine andere Organisation die bessere Wahl.

Lass dich aber nicht davon abschrecken, dass Fragen gestellt werden. Das soll dazu dienen, einen möglichst guten Match zu finden, sodass „Rückläufer“ (also Hunde, bei denen die Adoption nicht klappt und die zurückgegeben werden) vermieden werden.

Auch ein Adoptionsvertrag ist üblich, in dem festgehalten wird, dass der Hund in die Haltung, aber nicht in den Besitz übergeht. Diese Handhabe wurde zum Schutz des Hundes in Notfällen eingeführt.

Ich habe bisher noch nie erlebt, dass ein Hund willkürlich wieder abgenommen wurde.

Genauso verhält es sich mit Vor- und Nachkontrollen. Als Adoptant fühlt man sich dabei vielleicht wie auf dem heißen Stuhl, es geht dabei aber auch vielmehr darum, dass eventuelle Sicherheitsrisiken angesprochen und die Menschen vorbereitet werden. Immerhin sind wir vor der Adoption euphorisch und übersehen vielleicht etwas, das jemandem von außen (mit Erfahrung) auffällt.

Wichtig bei einer Adoption von einer Pflegestelle ist zu sehen, ob die Pflegestelle wirklich die Kapazitäten hat, sich mit jedem einzelnen Hund zu befassen und wie der Stresspegel der Hunde ist. Leben beispielsweise in einer kleinen Wohnung 15 Hunde mit einer einzelnen Person, ist die Wahrscheinlichkeit groß, dass der Stresspegel hoch ist und sich die Hunde anders verhalten. Genau wie in einem Shelter mit Großgruppenhaltung nehmen sich die Hunde in so einem Umfeld meist sehr zurück und wir erleben auch, dass sich die Verträglichkeit mit Artgenossen nach der Adoption sehr minimiert. Sie scheinen einfach keine Lust mehr auf andere Hunde zu haben.

Auch eine Adoption aus einem Tierheim kann gut klappen.

Je mehr hier über den Hund und seine Vorgeschichte bekannt ist, desto besser, denn Tierheim bedeutet auch einen hohen Stresspegel für die meisten Hunde, was sich wieder auf ihr Verhalten auswirkt.

Möchtest du die Geschichte nicht erfahren, weil das zu schmerzhaft ist, kannst du das der Pflegestelle / dem Verein vor dem Kennenlernen sagen. Manchmal ist es einfacher, Hunde naiv kennenzulernen.

Möchtest du einen Zweithund aufnehmen, kannst du bei Hunden im Inland vorher ausprobieren, ob sich die beiden verstehen. Manche Hunde sind keine großen Fans von Welpen und besonders dann sind ein vorheriges Kennenlernen und die Adoption eines erwachsenen Artgenossen oft deutlich entspannter.

Auch dieses Kennenlernen ist sehr individuell, je nach Charakteren der Hunde, ein paar grundsätzliche Tipps gibt es aber, die das Erlebnis für viele Hunde einfacher machen.

- Trefft euch auf neutralem Boden (beide Hunde kennen das Gebiet nicht; klappt eventuell bei Angsthunden nicht)
- Sucht das Gebiet so aus, dass es etwas Interessantes zu tun gibt für die Hunde. Wildgerüche oder auch Orte, wo es nach Menschen riecht, können eine gute Option sein.
- Beide Hunde haben bestenfalls bereits gelernt, wie sie sich Artgenossen

gegenüber an der Leine verhalten können, und ihr startet mit entspannter Distanz. Ist das nicht der Fall, beide sind allerdings im Freilauf verträglich, kann ein eingezäuntes Gebiet ohne Leine die bessere Wahl sein.

Hast du einen Hund aus dem Tierschutz adoptiert und erkennst problematisches Verhalten, kann dir oft die Geschichte einen gewissen Einblick in die Gründe liefern.

Heute stoppe ich mich so gut es geht dabei, Interpretationen in die andere Richtung zu machen. Also vom Verhalten auf mögliche Horrorstorys zu schließen. Früher ist mir das nämlich oft passiert. Ich habe einen Hund gesehen, der sich vor Männern fürchtet, und sofort ging das Kopfkino los, was wohl ein Mann mit diesem armen Geschöpf angestellt haben mag.

Das hat mich ziemlich lahmgelegt und ich bin eher in die Wut gerutscht, anstatt mich auf die Hilfe für den Hund zu fokussieren. Und wir wissen gar nicht, ob beispielsweise Ängste nicht einfach durch fehlende Erfahrungen entstanden sind. Es muss also niemand irgendetwas mit dem Hund angestellt haben.

In solchen Fällen ist es meiner Meinung nach auch oft sinnvoll, das Geschehene (oder eben nicht Geschehene) hinter sich zu lassen und sich auf die Veränderung und die Zukunft zu konzentrieren.

Wissen wir allerdings, dass der Hund zum Beispiel einen Autounfall hatte, können wir die erste Fahrt ein bisschen besser vorbereiten und uns darauf gefasst machen, dass es eventuell ein Trauma gibt. Doch auch hier hilft eine objektive oder positive Sichtweise.

Denn es muss kein Trauma geben. Als ich mit meinem Hund im Auto frontal gegen einen Baumstumpf gefahren bin (der dann etwa in der Mitte der Motorhaube steckte), hatte ich ein Schleudertrauma und Sorge, dass der Hund nicht mehr Auto fährt. Das wäre sehr schwierig geworden, da wir mitten im Wald wohnen und es keine öffentlichen Verkehrsmittel gibt. Sammy hat mich allerdings völlig verständnislos angeschaut, als wollte er sagen: „Wann geht's denn hier weiter, ich könnte bald essen?" Er ist sofort zu einem freundlichen Helfer ins Auto gesprungen und hat seither nie den Ansatz eines Traumas gezeigt.

Der Hund sagt uns, wo er Hilfe braucht, wenn wir lernen zuzuhören.

Es liegt also an uns, die Körpersprache unserer Hunde lesen zu können und sie ernst zu nehmen.

„Da muss er durch" oder „Stell dich nicht so an" war gestern.

Unsere Hunde sind darauf angewiesen, dass wir sie unterstützen und besonders bei Ängsten wirklich umsichtig nach Lösungen suchen. Und das ist auch immer wieder eine schöne Gelegenheit, noch mal fester mit unseren Vierbeinern zusammenzuwachsen.

In diesem Sinne: Viel Spaß beim Training (und mit diesem Mauli-Gutschein: MolosserMauli).

Danke!

Danke

Zuallererst DANKE an Sabine Koch-Bischof. Du hast mir mit einer Engelsgeduld die „Wadln viere g'richt“ (sinngemäß übersetzt: „den Kopf gewaschen“) und meine ganzen verstaubten Ansichten über den Umgang mit Tieren fachlich kompetent und logisch entkräftet.

Ich werde dir auf ewig dankbar dafür sein. Von dir zu lernen, war und ist einfach grenzgenial (ja, das Praktikum war genauso klasse wie unser Training).

Danke auch an Sammy, der eben nicht der easy cheesy Anfängerhund war und mich zu Sabine gebracht hat.

Vielen Dank an Mag. Ursula Aigner und Brigid Weinzinger. Ihr habt mich in meinen Babysteps der Weiterbildungen und gemeinsam mit Sammy im Training immer grandios betreut.

Unsere Pläuschchen und das Fachsimpeln waren so schön und Brigid, deinen Umgang mit Tieren live erleben zu können, in die Tellington-Welt einzutauchen und zu sehen, wie viel mehr Verhaltensberatung eigentlich ist als das technische Können, sind unbezahlbar.

Wissen nimmt dir keiner mehr …

In diesem Sinne vielen Dank an Dr. Ute Blasche-Berthold. Du bist eine Koryphäe, ein riesen Vorbild und egal, wie viele Weiterbildungen ich von dir inhaliere, es ist immer wieder was Neues dabei.

Und wo wir schon bei Vorbildern und genialen Menschen sind …

Riesendankeschöns an Dr. Stephan Gronostay, Chirag Patel, Susan Friedman PhD, Dr. James O'Heare und Michael Shikashio CDBC. Ohne euch wäre mein Leben nur halb so spannend und meinem Hirn definitiv langweilig.

Ich liebe eure Webinare, Bücher, Konferenzen, Seminare.

Natürlich gibt es noch viel mehr großartige Experten und Expertinnen und ich möchte einfach an alle Menschen DANKE sagen, die ihre Zeit und ihre Ressourcen den Hunden / Tieren (inklusive Menschen) zur Verfügung stellen.

DANKE an die liebe Gisela Rau und das Team vom Kynos Verlag für eine schöne Zusammenarbeit.

DANKE an alle tollen Zwei- und Vierbeiner, die bei den Fotos für dieses Buch geholfen haben.

Mein nächstes DANKE, und eigentlich müsste ich es noch ein bisschen größer machen, geht an Sarah Hoffmann.

Was du für die Fellnasen im Tierheim machst, ist nicht in Worte zu fassen.

Bei dir landen Hunde, die kaum bis keine Chancen auf Vermittlungen haben. Die vielleicht noch nie Freundlichkeit, Zuneigung, Halt oder gar Liebe von Menschen erfahren haben.

Du pflegst sie nicht nur, du verbringst auch noch deine Freizeit mit ihnen oder bei Fortbildungen für sie.

DANKE, dass du das machst. DANKE, dass ich dich kennen darf.

Ich weiß, du bist nicht allein, und deshalb auch DANKE an alle wundervollen Tierschützerinnen da draußen. DANKE, dass ihr kämpft, auch wenn es sich manchmal wie ein Kampf gegen Windmühlen anfühlt.

DANKE an ProAnimal, die Tierhilfe Weinviertel, Fenjas Tierhilfe, an alle großartigen Tierschutzvereine und unsere heimischen Tierheime.

Auch dieses DANKE müsste ich noch ein bisschen größer machen. An Oliver Toth für deinen Beistand, wenn ich mal wieder mit einer neuen verrückten Idee (oder einem neuen Mitbewohner) ankam.

Und an Mag. Silvia Weissgram für unfassbar hilfreiche und erleichternde Gespräche, dein offenes Ohr. Ich habe noch nie jemanden wie dich kennengelernt und bin zutiefst dankbar dafür. Danke, dass du mir immer wieder Mut gemacht hast.

DANKE an Verena Steiner für deine Hilfe bei diesem Buch und dein offenes Ohr. Du bist einfach großartig.

DANKE an Sonja Wildner für deine Hilfe und deinen Zuspruch, als dieses Buch noch in den Kinderschuhen steckte, ganz zu schweigen von deinen unermüdlichen Einsätzen für Tiere in Not.

Natürlich auch ein ganz herzliches DANKE an meine wundervollen Teams. Dafür, dass ihr meinen Job (eigentlich ist es eine Berufung, kein Beruf) zum schönsten der Welt für mich macht. Dafür, dass wir gemeinsam lachen können, obwohl ihr mit ernsten Themen zu mir kommt. Vor allem aber für euer Vertrauen – ich weiß es zu schätzen und werde mir immer das Pobscherl für euch aufreißen. Das verspreche ich euch.

DANKE an jeden und jede, die einem Tier hilft. Egal, ob das eine Ameise ist, die ihr wieder raussetzt, wenn sie versehentlich ins Haus gekrabbelt ist, ein verletzter Igel, den ihr zum Tierarzt bringt (oder jemand verständigt, der das macht), oder sogar ein Tier, das ihr zur Pflege oder fix adoptiert.

DANKE, dass du dich für einen Umgang ohne Druck, ohne Zwang, ohne „Korrekturen", mit Fairness, Leichtigkeit und Kooperation entschieden hast.

Vielleicht war dein erster Schritt genauso schwer wie bei mir damals. Sei stolz auf dich, und wenn dir doch mal ein Rückschritt passiert, sei nicht zu streng mit dir. Liebevoller Umgang startet mit uns selbst!

Und ganz zum Schluss das wichtigste DANKE an meinen Papa. Gerhard Frank.

Du hast mir gezeigt, dass man mit Tieren umsichtig, wertschätzend und freundlich umgeht. Nicht nur bei unseren Hunden wirken die frühesten Erfahrungen besonders eindrucksvoll, und meinen Grundstein habe ich von dir.

Das könnte Dich auch interessieren:

Viele Hunde zeigen Verhalten, das auf den ersten Blick rätselhaft oder störend wirkt: Sie ziehen sich zurück, reagieren plötzlich heftig oder erstarren förmlich. Dieses Buch richtet den Blick hinter das Verhalten – auf das innere Erleben der Hunde und die oft unsichtbaren Spuren von Belastungserfahrungen. Denn „unerwünschtes Verhalten" ist häufig kein Problem, das einfach korrigiert werden kann, sondern ein Ausdruck von Stress, Überforderung oder Trauma: Das sprichwörtliche Fell unserer Hunde ist oft nicht so dick, wie wir glauben.

Die Autorin vermittelt praxisnah, wie traumatische Erfahrungen – sei es durch drastische Ereignisse oder alltägliche Überforderungen – das Nervensystem von Hunden prägen und ihr Verhalten beeinflussen. Sie zeigt, wie man Stresssignale frühzeitig erkennen, Überforderungen vermeiden und ein Umfeld schaffen kann, in dem Hunde Sicherheit und Vertrauen erleben können. Wissenschaftliche Erkenntnisse aus Neurobiologie, Psychotraumatologie und Verhaltenstherapie bilden die Grundlage für eine traumasensible Haltung, die weit über klassische Trainingsmethoden hinausgeht.

Dieses Buch richtet sich an Hundebesitzer:innen, Trainer:innen und alle, die die Beziehung zu Hunden vertiefen möchten. Es zeigt, wie wir Verhalten nicht nur verstehen, sondern Mitgefühl und Achtsamkeit in den Alltag integrieren können – für eine Verbindung, die auf Sicherheit, Vertrauen und nachhaltiger Beziehung basiert. Ein unverzichtbarer Leitfaden für alle, die Hunde nicht nur erziehen, sondern ihnen wirklich zuhören wollen – denn: hinter jedem Verhalten steckt eine Geschichte.

Paperback, 232 Seiten, farbig
ISBN 978-3-95464-352-3

Als der Autor zu Beginn der 1990er Jahre in eine Diensthundestaffel der niederländischen Polizei eintrat, beruhte die Ausbildung noch auf Unterwerfung und Strafe – wie fast überall zu dieser Zeit und in dieser Szene. Als er mit der Aufgabe betraut wurde, Hunde für eine neu gegründete Spezialeinheit auszubilden, in der die Hunde selbständig über große Entfernungen und außer Sichtweite der Hundeführer agieren sollten, war schnell klar, dass dies mit den herkömmlichen Methoden nicht zu machen war: Es war die Geburtsstunde des „Pavlov-Projekts", der Einführung der operanten Konditionierung in die Welt der Diensthundeausbildung. Jahrelang reiste Simon Prins um den Globus, um von den Besten zu lernen und wurde dabei insbesondere von Bob Bailey beeinflusst, den er als seinen geistigen Mentor bezeichnet. In diesem Buch hat er seine ganz persönliche Reise in die spannende Welt der Verhaltens- und Lernforschung festgehalten und lässt den Leser an seinen Erfahrungen und Erkenntnissen teilhaben, zu denen vorübergehende Fehlschläge ebenso gehörten wie großartige Erfolge.

Mitreißend und für jeden verständlich erklärt er die Grundprinzipien und Gesetze eines modernen, auf wissenschaftlichen Fakten beruhenden Hundetrainings, mit dem praktisch alles möglich ist.
Warum operante Konditionierung weit mehr ist als „Kekse werfen", was beim Einsatz von Verstärkern alles zu beachten ist, welche Fallstricke sich uns beim Training in den Weg legen können, warum Datensammeln so wichtig ist und wie es um die innere Einstellung und Motivation des Trainers bestellt sein muss, erfahren Sie in diesem spannenden Buch, das Theorie und Praxis überzeugend zusammenbringt.

Hardcover, 392 Seiten, farbig
ISBN 978-3-95464-257-1

Besuche unseren Shop: www.hundebuchshop.com

Kynos